建筑方案构思与设计手绘草图

杨 倬 著

中国建材工业出版社

图书在版编目（CIP）数据

建筑方案构思与设计手绘草图 / 杨倬著. —北京：
中国建材工业出版社，2010.3（2023.8 重印）
ISBN 978-7-80227-674-1

Ⅰ.①建… Ⅱ.①杨… Ⅲ.①建筑制图—技法（美术）

Ⅳ.①TU204

中国版本图书馆CIP数据核字（2010）第022543号

内 容 简 介

　　本书通过作者毕生的建筑创作和建筑教学的经历，总结出以手绘草图为表达手段的建筑方案构思和设计途径。书中内容图文并茂，第三部分作者选择部分建筑创作实践项目，以手绘草图表达手段为主，阐述了建筑方案构思和设计的发展过程，为本书重要内容。本书可作为高等学校建筑学专业及相关专业的建筑设计基础教学参考书，也可作为建筑设计及相关设计单位专业建筑师的建筑创作设计资料和参考书。

建筑方案构思与设计手绘草图

杨 倬 著

出版发行：中国建材工业出版社

地　　址：北京市海淀区三里河路11号

邮　　编：100831

经　　销：全国各地新华书店

印　　刷：北京印刷集团有限责任公司

开　　本：880mm×1230mm　横1 / 16

印　　张：13. 25

字　　数：371千字

版　　次：2010年3月第1版

印　　次：2023年8月第5次

书　　号：ISBN 978-7-80227-674-1

定　　价：58.00元

本社网址：www. jccbs. com

本书如出现印装质量问题，由我社发行部负责调换。联系电话：(010)57811387

杨 倬

教 授

国家一级注册建筑师

　　1935年出生于苏州市，1959年毕业于天津大学建筑系，同年分配到天津建筑工程学院（今河北工业大学前身之一）工作，先后担任建筑学教研室、建筑系主任，建筑设计研究院总建筑师，长期从事建筑教育和建筑设计研究工作，对建筑设计教学、高等学校校园规划和图书馆建筑设计等学术领域颇感兴趣，涉足较深。

序

随着计算机的问世，让建筑师如获至宝，他们终于可以从繁重的手工绘图中解脱出来，从而效率倍增。诚然，计算机是科技进步的产物，它的出现极大地推动了各行各业，特别是建筑设计工作的发展，有许多工程设计在计算机问世之前是难以想象的，只有借助计算机的帮助方可得以实现，从这个意义上讲，计算机的功劳的确是善莫大焉。

就我个人来讲，对于计算机的认识也经历过一个由浅入深的过程，最初，并不十分在意，好像可有可无，后来则感到颇为神奇，许多用手工绘制难以表现的东西，借助于计算机却可以"得来全不费工夫"，例如动画即是一例。但毕竟年纪偏老，下不了知难而进的决心，以至人人都会操作计算机的时候，我依然是一个"电脑盲"，这不能不说是一种遗憾。

然而，在建筑设计上计算机是否真正的万能了呢？似乎也不竟然。以我个人的经历，在构思较为成熟的阶段，它确实可以发挥很大的作用，但在构思的起始阶段，多少还显得有点无能为力。为此，在教学中、特别是对于低年级的教学来讲，还是规劝学生不要过早地依赖计算机，也就是说，要练一练徒手绘制的基本功。

大家知道，方案的形成，一般都是由模糊而逐步变得清晰，原始构思尚处于恍兮惚兮的鸿蒙之中时，唯一可行的方法就是用手绘的方法立即记录这瞬间的一闪念。我自己就有这方面的切身体验，我的许多方案构思都是在外出时，用宾馆床头柜上提供的圆珠笔画在用来记录电话号码的小纸片上，不要小看了这种模糊不清的"小草图"，它蕴含着颇为丰富的想象空间，许多工程设计就是从这里成熟起来的。

尽管苦口婆心地规劝初涉建筑的学子，但收效甚微，也许，在他们看来你是因为不会计算机，就像吃不到葡萄便说葡萄是酸的一样。

正当感叹天津大学建筑系享有盛誉的基本功训练已风光不在的时候，有一位校友拿来了一本书稿——《建筑方案构思与设计手绘草图》，拜读之余颇感欣慰。书的作者为杨倬教授，是天津大学建筑系1959届毕业的校友，毕业后，执教于河北工业大学建筑系，迄今已有整整半个世纪的教龄。他把毕生精力奉献给了建筑教育工作，如今已是桃李满天下，堪称为一位有突出贡献的资深建筑教育家。得到他教益的学子，一定会深切地体会到他那孜孜不倦、执着于建筑教育事业的感人精神。

他的这种精神也深深体现在书稿之中。建筑设计的方案草图，作为一种工具往往是随画随丢，很少有人刻意保存。例如我的恩师徐中先生，所画草图极其秀美，他在教授建筑设计时所画的草图不计其数，而如今却一图难求。据一位老校友说，他还保留了徐中先生画的一张草图，但视如珍宝，也舍不得捐给母校。杨倬教授却是一位有心的人，他所积累的草图一直可以追溯到20世纪50年代的学生时代。其中有几张建筑初步所作的西洋亭子的渲染练习，看起来十分眼熟，从中似乎可以看到徐中先生的影子。

《建筑方案构思与设计手绘草图》这本书稿的最大特点是紧密地联系方案构思。设计草图虽然也有技巧上的高低上下之分，但很少有人把它看成是一个独立的画种，它的主要功能自然是为方案构思服务的。从书稿中可以看出，绝大部分草图都是在方案构思时随想随画的，不仅表现了建筑物的立面和透视效果，还附有平面、总平面和剖面，甚至在画中还标有文字，以说明当时的设计意图。看了这样的草图，想必对于初学建筑的年轻学子，当有很大教益。

方案构思由起始到定案，自然有一个由粗到细的过程，这在书稿中也有清晰的反映。某些草图主要创作于方案构思尚处于初始的阶段，虽然比较粗犷，但却寓意深远，给进一步发展留下了广阔空间。另一类草图所表现的则是方案构思已达到比较成熟的地步，其特点是比较准确细腻，但即使如此，也不可能做到完全准确。凡是建筑学出身的人都学过透视、阴影这两门课，虽极科学严谨，但也繁琐至极，作一些简单的几何形体练习尚且如此，要用来绘制复杂的建筑表现图，则几乎完全不可能，因而，在计算机出现之前，大多数建筑师也只能遵循透视、阴影的基本原理而掺入自己的想象来制作这类图纸，这就意味着凡能单凭徒手而画出接近于准确的草图的，将极有助于提高自己的设计能力。那么，有了计算机之后是否就可以忽略这种能力的培养呢？我虽不能简单地说是或者否，但至少可以说有了这种能力将会更有助于掌握和运用计算机。

本书的第四部分还介绍了作者几位同窗的作品，他们一直从事建筑设计和建筑教学工作，从他们的草图中可以看出20世纪50年代建筑学子所具有的扎实的功底，同时，也反映出天津大学建筑系注重对学生基本功的训练不仅由来之久，而且也卓有成效。当年的年轻学子如今都已年逾古稀，他们虽然已从工作岗位上退了下来，却依然不同程度地发挥余热。更为可贵的是他们所保留下来的极其有限的作品，对于前仆后继的后生们，仍然具有一定的启迪、借鉴和参考价值。

是为序。

彭一刚

2009.10

前　言

本人从小学开始，至今年过七旬，从未离开过学校，对校园、老师、学生……感情尤深，现仍常和青年教师、建筑师保持沟通，经常谈论建筑教育和建筑设计。在交流中一些现象引发了我的思考，其一：在当今建筑图书、期刊和各种信息资料极为丰富且相当普及的时代，建筑学专业低年级学生的专业入门还是困难不少、青年教师也感困惑。看来当今中学应试教育模式，对建筑教育愈显不利，而这些缺陷只能由建筑设计教师来弥补了；其二：部分青年教师和建筑师过分依赖计算机，极少动手画草图，以致注册建筑师建筑设计考试图面表达都不完备，动手能力下降；其三：当今改革开放，外国建筑师纷纷进入中国建筑市场，有的开发商通过外国建筑师的手绘草图做广告，以示其方案新颖和艺术品位。如果单论表现技法，中国某些建筑师的水平应不在其下。我们并不赞成"以技入道"，但技艺之基本功却不可丢舍。由此引发我的一个想法，编写一本以建筑方案构思与设计、手绘草图为内容的建筑设计参考图书，目的是通过本人几十年建筑设计实践，试图总结以手绘草图为表达手段的一种建筑方案构思与设计的途径和方法，以此引起青年同仁们对手绘草图的兴趣和重视，在交流和商榷中互勉。

写书的想法有了，但由于顾虑久久未能动笔。纵观我所经历的建筑教育与建筑创作时期似乎大多是在特殊年代里度过，总有"发育不良"之感，加上本人水平有限和工作环境制约（指接触项目面和层次），所形成的建筑观念和手法难免有不尽人意之处。但是在周围人们的不断鼓励声中，静下来反思自己一生热爱建筑的经历，

不仅由此促成了近50年的建筑教育和创作的"动手生涯"，还精心保存了一些资料，这样的经历不仅带来了乐趣，也给予我一个比较健康的身体，如再不抓紧时机"回忆和总结"，将成为一件人生憾事。好在当今处在宽松的、开放的和多元化的新现代建筑理论和创作百花盛开的年代里，本书也许是片绿叶，但毕竟是一件有益的事情。想通了马上动手，经过近一年的时间，《建筑方案构思与设计手绘草图》一书终于成稿。书中的第三部分是从我几十年创作实践中挑选出的18个建筑方案构思和设计手绘草图实例，并着重表述了建筑方案构思与设计过程、方法和不同阶段的手绘草图，是本书的重点部分。其中大部分项目已实施，由于本书篇幅有限，实物照片未能刊登。第四部分特意选择作者同窗的草图手稿，主要让读者欣赏我们这一代人手绘草图的风采，同时也给这些一生默默无闻工作在建筑创作前沿的同窗们一个展示和交流的平台。

最后我要感谢彭一刚先生（现任中国科学院院士、中国建筑设计大师、天津大学建筑学院教授、博士生导师）百忙中书写序言，以资鼓励；感谢同窗王齐凯对本书的支持，尤其在文字部分孜孜不倦地认真修改，深为感动；感谢同窗董辉、张振山、李拱辰、徐显棠、张善荣提供草图手稿；感谢青年教师孟霞、赵晓刚对本书的精心排版；感谢中国建材工业出版社贺悦及其同仁们的大力支持。

2009. 10于天津水木天成

目　录

1 建筑方案构思与设计手绘草图概述

1.1 建筑方案与建筑设计

1.1.1 建筑设计含义

一个工程项目的设计工作涉及建筑学、建筑结构、给排水、供暖、空气调节、电气、工程经济、智能建筑技术、环境艺术设计、建筑材料及施工等方面的专业知识，根据项目的要求，需要多领域的科技人员配合才能完成。

通常说的建筑设计指建筑学专业范围内的设计工作。建筑设计涉及内容包括：城市规划管理部门要求；协调建筑与城市文脉和周围环境关系；建筑使用功能要求；建筑空间合理组合和舒适程度；建筑造型及内、外部空间的艺术效果；考虑和协调结构、设备专业技术问题；考虑选择材料、施工技术和投资的合理性和可能性；符合当前国家颁布的有关基本建设原则、法规和设计规范等，使建筑设计符合和满足人们物质和精神方面的要求。

1.1.2 建筑设计的进程

一般建筑设计整体进程可分为：准备阶段，建筑方案阶段，初步设计阶段和施工图设计阶段等四个阶段。具体一项建筑设计采用几个设计阶段还要根据主管部门审批要求、项目规模、性质、技术复杂程度和时间安排等因素具体确定。

1.1.3 建筑方案阶段特殊性

纵观建筑设计整体过程的各阶段都很重要，它们互相依赖、促进和衔接。但是建筑方案阶段具有一定特殊性，它是一个从无到有的创作过程，是根据建设单位任务书和城市规划部门要求、建设场地特征、周围人文自然环境、经济和施工技术等条件和建筑师的主观意向、设计手法相结合而形成的，因此建筑方案优劣往往取决于建筑师对不同条件的理解和把握，以及建筑师专业素养的差异。不同设计条件自然形成不同建筑方案，但相同条件也未必形成同样品位的建筑方案。

首先，建筑方案要得到城市规划部门和业主认可，方可进行下一阶段设计工作，所以建筑方案意味着建筑设计的起点和基础，它将直接影响到各专业技术工作的落实和建筑施工阶段的顺利进行，更将影响到建筑物竣工后使用和管理是否方便和合理，可以说建筑方案具有举足轻重的作用。

其次，建筑方案阶段建筑师是设计主体，建筑师应努力提高自己的综合素质和对基础条件的深入研究，方有可能提出高品位和高质量的建筑方案，同时建筑方案经过一番修改和完善比较成熟后，在进行以后几个设计阶段时还须由建筑师来向各专业介绍建筑方案内容，解决各专业之间的技术协调问题。过去有人说建筑师类似乐队中的指挥，从设计工作分工角度来说确有一定道理，建筑师自身必须不断提高职业道德和业务水平、创造性能力和专业之间组织、协调能力等，才能适应如此重任。

再次，建筑方案设计具有一定创作空间，正是建筑师发挥专业素养和才能的场所，但是建筑方案创作也不是随心所欲的过程，应该遵循：一是古今中外对建筑本质的共识和建筑设计基本规则。2004年"建筑学报"组织有关建筑业各界人士进行讨论，进一步明确了当今我国建筑的基本原则还应是"适用、经济、美观"。这六个概括而又简洁的文字，其中却包含了建筑设计方针政策、建筑基本原则和构成要素等层面的内容。不可否认，随着社会经济发展和科学技术进步对"适用、经济、美观"的诠释会有不断调整和发展从而增添更深层次的内容。二是建筑方案设计首先应对该建筑项目恰当定位，因为不同的建筑类型、规模、性质、建造地点和标准，其建筑创作也应采用不同的构思主题、设计层次、内容、手段等，因此，建筑准确定位是至关重要的创作前提，也是建筑师应具有的职业能力。人人皆知"小题不应大做，大题不可小为"的道理，往往因当事者迷，屡屡出现张冠李戴、肥身瘦衣的尴尬局面，结果在建筑师误导下劳而无功，创作锐气大损，其根源皆因建筑定位不准确，若方向明、定位准，事之有成必然可望。综上所述，由于建筑设计方案阶段的特殊性，决定了建筑方案阶段在整个建筑设计阶段中的重要作用和地位，建筑师对此应予以非同寻常的重视。

1.2　建筑方案构思与设计含义

1.2.1　建筑方案构思与设计重在创意

　　建筑方案构思与设计是建筑师表现创造性的起点，古人云"作文意在先，须袖手旁观于前，奋笔疾书于后"，"意在先者，则也，趣在化机也"等很多名言，其道理就在于行成于思，凡具有高超艺术水平的作品必然有独具一格的立意主题和表现技巧。梁思成先生曾评论过去有一段时期城市建设"城里到处是房子，但没有建筑"。改革开放初期明尼苏达州立大学建筑系主任拉尔夫·拉普森教授在天津大学讲学期间，参观天津城市建设后感觉这些建筑缺乏"灵感"。显然这些"残缺"的建筑受当时社会条件制约，缺少完整的建筑创意，自然也称不上"完整"的建筑。

　　建筑方案构思和设计的立意主题，应该在一些相关制约条件的基础上体现符合原则性和现实性的创意主题。建筑设计的创造性有别于其他艺术门类，这些艺术作品的创造往往是个人操作行为，艺术作品完成后的影响主要在意识形态或审美观念范畴，而建筑设计过程中特别是在建筑方案创意过程中不可否认建筑师的主导作用。但一个建筑从前期策划、设计直至建成，不仅需要一群不同专业的人员密切合作，也会受到社会、经济、环境和意识形态等方面的制约。因此要求建筑师方案构思的立意不能过分强调主观意愿，仅仅依靠视觉冲击力以求一鸣惊人，而要以一个平和而又充满激情的心态见势行事，顺水推舟，化劣为优，转害为利，达到"行无为之行，思无为之思"的最高境界，避免不顾当地历史文脉和脱离国情的建筑方案。

　　建筑方案构思和设计有了创造性的立意主题，这仅为开始，建筑毕竟是要有能体现空间的实体才能存在，需要把建筑方案构思与设计立意主题转化为能反映建筑空间又具有某种实体形式的基本图形，再通过不断增减适度、形神具备地调整和组合，直至阶段性的"完善"和"成熟"，如此绝非轻而易举，尚需反复推敲、比较方可定夺取舍，这个过程可分为三个建筑方案构思与设计阶段（详见表1-1）。

　　（1）建筑方案构思与设计原创阶段

　　此阶段主要是在明确立意主题的基础上，转化为原创图形，这些图形从深层角度看往往只能表达基本建筑形态特征，尚存在许多模糊不定因素，瞬间的、发散的；从形态角度看几乎是仅有体量的平面、立面形象，或是单个或多个体量模块组合，正因为这些不确定可变因素对建筑师创意具有很强的反馈作用，促进创意的丰富和完善，逐渐形成了建筑方案雏形，这时的建筑方案表达也许是一些总平面、建筑平面、剖面和建筑室内外透视的局部和片段，但建筑师的思绪中还是装着建筑整体，这样原创的方案构思的立意主题也将初步体现出来，并始终贯穿在建筑方案雏形中。这个阶段作为建筑方案来说是极为重要的，也反映出建筑师建筑方案创作灵感和能力，必将直接影响下一阶段建筑方案设计质量和品位。

　　（2）建筑方案构思与设计调整阶段

　　原创阶段由立意主题形成的建筑方案雏形从内容来看是极为概念性的，重在定性，有很多不确定因素，需要在原创阶段的立意主题内容基础上，对建筑方案主要图形进行调整和完善，逐步形成一个较为完整的建筑空间组合体。处理好建筑与环境关系，包括考虑城市文脉、肌理、交通、市政基础设施的协调；考虑场地与四周环境的协调；考虑场地节约土地资源和可持续发展问题等；调整建筑内部各种关系：包括功能分区、交通组织、出入口安排、建筑内部空间组合的合理性和艺术性、创造良好日照、通风和采光条件的建筑内部舒适环境等；推敲建筑造型及其界面虚实处理的合理性和艺术性；明确建筑结构形式等。将以上各内容以轻重缓急，协调主次统一于建筑方案设计之中，当然还不可忽视与设计有关的规范、建筑防火和节能规范等内容；最后展示和调整建构建筑方案的基本图形的内容：一般包括小比例的总平面图，平、立、剖面

表1-1　建筑方案构思与设计流程图（建议）

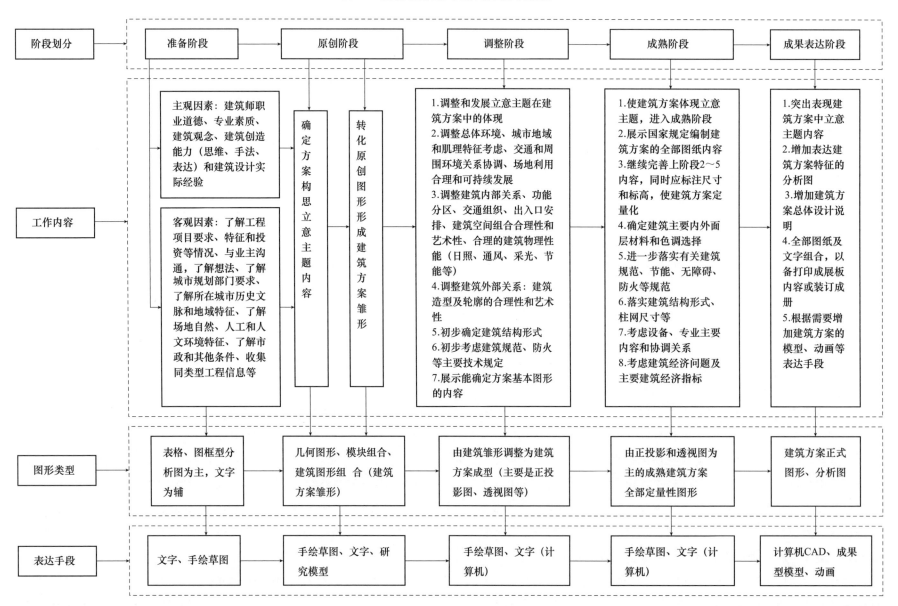

图，还有局部或整体的鸟瞰图和透视图等。以上这些内容应在调整阶段得以初步体现和解决。

（3）建筑方案构思与设计成熟阶段

此阶段建筑方案构思与设计的成熟程度是需用完整的建筑图形语言来表达和验证的，应根据国家对建筑设计方案阶段内容的要求进行构思与设计。建筑方案图纸内容应包括适当比例的总平面图，单体平、立、剖面图、透视图和各种分析图等。其中要确定有关涉及建筑学专业基本问题是否解决和落实，并明确标注尺寸和标高；同时进一步考虑建筑结构和主要建筑材料选择意向；确定建筑外部墙面和内部主要空间的基本色调；考虑其他专业内容及协调各专业之间关系；建筑施工技术可行性；建筑主要经济指标和建筑经济等内容。因此这阶段考虑的内容涉及面多而广，但建筑方案的立意主题应始终贯穿在建筑方案阶段全过程中，并不断完善。整个过程中如果建筑师没有很好地把握立意主题大方向和总目标，将会使建筑方案与原意内容分离甚至是背道而驰。随着建筑方案图形不断展现、深入和涉及问题不断增多，反过来修正立意主题内容也是有可能的，但是最终立意主题与成熟阶段建筑方案在内容的表达上必须统一，这样的建筑方案才相对成熟了。最后，它还要经过后期设计的验证和调整，但一般是建筑方案的局部，不可能把整个建筑方案推翻重来。

1.2.2 建筑方案构思与设计前期准备

建筑师进行建筑方案构思与设计前应做好充分准备，其内容包括两部分：

一是充分了解建设单位（业主）对新建工程项目的具体设想和要求。建筑师一般通过建设单位所提供的工程项目建筑设计任务书表述的内容，经细致阅读、分析，做出笔记或分析图。其分析图包括各种流线分析，不同的使用功能、规模的空间、建筑物理性能不同空间要求的分区分析等。发现任务书中疑难问题或是技术上、规范上相矛

盾的问题应及时与建设单位取得沟通，以免建筑方案设计走弯路。

详细了解所在城市规划管理部门所提供的规划条件和图纸。其中图纸内容应标注允许建设用地范围和建筑红线的地形图；该建设地段与道路关系（包括道路中心线平面尺寸和高程）；通过地形图看出地形、地貌、方位和障碍物等。如果该地段已做过城市设计，还需查阅城市设计对该地段建设的一些具体要求和规定，总之不能忽略城市规划部门有关的要求。

现场踏勘和调研建设场地。细致观察与广泛收集该建设场地自然、人工、人文环境的特点和信息。根据工程项目需要，调研范围可以扩大到四周环境以及在城市中的区位关系，乃至整个城市历史文脉和建设风貌，所在城市风向、气温、日照角度、温度、地下水位、地震设防和防洪等情况，这些都可能成为建筑方案构思与设计的基础素材。

二是建筑师本身应具有基本专业素质及创新能力。基本专业素质是指建筑师应掌握建筑学的专业及基础理论、建筑设计方法和表达方式、建筑综合科学技术、中外建筑史、人文和艺术素养、建筑基本法则和经济知识等，以及通过工程实践所获得的建筑设计经验并熟知国家规范、政策要求等。

建筑设计领域的创造能力包括：创造性思维能力、想象的物化能力。这两种能力互相联系、相辅相成，也必然会促使建筑设计呈现出明显的创造性。

创造性思维能力包括记忆、逻辑、发散、想象和直觉能力等。记忆能力是创作性思维活动"库房"，必须具备思维信息储存、提取和运用的条件，建筑师头脑中记忆的相关事务和形象越多，其联想、重组和创新的可能性越大，同时也增强了建筑方案构思中创造力的发挥。

逻辑能力在建筑创作中发挥的作用不同于其他艺术创作，它受到方方面面的制约，具有一定的自身原则性和严谨性，因此单靠建筑师直觉和灵感是不够的，需要通过理性的逻辑分析、矛盾梳理、合理

选择和优化处理等环节，才能形成理想的创造性建筑方案。

发散能力是通过开拓思路、变换角度和调整方位来提供多种创新渠道和机遇，运用在建筑方案构思过程中可启发出体现整体或局部不同发展方向和成熟渠道的可能性，可能性越多形成创新性建筑方案的几率越大。

想象能力具有思维不断重组和整合的功能，在创新思维活动中具有重要意义，它可以调动和激发建筑师的创作潜力，不断出现有益的创新思维成果，有时幻想免不了，但现实却不能丢。

直觉能力是一种感性观察和主观判断的综合能力，体现了经验积累和主观意识的结合，往往在错综复杂的矛盾中，靠理性无法判断时，直觉能力可以帮助我们做出选择。

超前洞察力可把握本质，探求根本，抓住要点统观全局，高瞻远瞩地谋划创新性成果，往往也是产生"灵感"的内在因素之一。

想象的物化（表达）能力是指建筑方案构思与设计过程中，建筑师想象（联想）的物体形象能得以准确、完整地表现，手绘草图在这一过程中有着特殊的作用，建筑师将头脑中的想象（立意主题）转化成相对固定、可感知的物体形象（原创图形），形成可以交流和审视的建筑语言，不难看出这需建立在建筑师具备熟练手绘草图表达手段的基础上。

创造性能力是独立存在的，是一种既合乎常理而又突破常规的表现，是在矛盾各方相互联系又相互冲突中萌发出来的，建筑师在建筑方案构思与设计中，脑、手、眼相互配合，形思并举，相互启迪，对创造力发挥大有裨益。

1.2.3　建筑方案构思立意主题内容导向

具有创造性的建筑设计方案构思内容应是来自方方面面的知识和丰富多彩的生活，这需要建筑师在进入方案构思原创阶段时能迅速做出反应和联想，形成一个立意主题和原创图形。在建筑方案构思原创阶段，哪些内容和现象可以给予建筑师借鉴和启示，一般包括以下几方面：

（1）来自社会现实生活的启示

人类建造建筑物的主要目的是为了人们生活更舒适、方便和安全，实际上建筑本身就是来自生活，人们的日常生活会启示建筑方案构思与设计。许多具有创造性的建筑设计作品，不仅设计手法高超，而且方案构思的内容常常是来自现实生活原型。英国建筑师丹尼斯·拉斯顿通过生活中人们熟悉的"露天演出生活场景"得到启示，在拥有三个不同规模观众厅的国家剧院设计中，通过生动的台阶式建筑造型，塑造多个伸向泰晤士河的露天平台，称为"第四剧院"，成为英国国家剧院的设计亮点（图1-1）。

图1-1　英国伦敦国家剧院

（2）来自公众认知和熟悉的各种形体图形的启示

建筑的实质是空间，建筑空间构成往往由不同几何图形界面围合而成，也包括当今众多前卫建筑，其界面呈连续的或不规则的几何形态，而这些公众认知和熟悉的几何图形或不规则形态，蕴藏在世界万事万物的丰富形象之中。当然这些来自公众认知和熟悉的几何图形，不是原封不动照搬，而是需要通过建筑师创造性的加工变异和组合处理。丹麦建筑师杰尔·伍重受到丹麦海滨的风帆和乡间城堡的启示，将这些元素运用在位于海滨的悉尼歌剧院的风帆造型和底部基座处理上，取得别具一格的建筑造型，并因这世界级建筑名作而闻名于世（图1-2）。彭一刚院士早期在天津水上公园熊猫馆方案构思中以人们熟悉和喜爱的竹编形象和熊猫的"园"，作为建筑创作的构思母题而展开，成了令人难忘的优秀建筑作品。

图1-2　澳大利亚悉尼歌剧院

（3）来自自然、人工和人文环境的启示

建筑与自然、人工和人文环境的关系，如同唇齿相依的关系，并成为中外建筑设计领域的热门话题。建筑生长在环境之中，环境拥簇着建筑，"环境出构思"成为建筑师公认的建筑创作途径之一，凡是有个性的建筑创作其构思内容大多来自各种环境。建筑大师弗兰克·劳埃德·赖特创作闻名于世的"流水别墅"方案构思即来自附近自然环境的瀑布发出的声音，不仅建议别墅为了靠近瀑布而移址，同时塑造了与流水协调的具有特色的建筑情调（图1-3）。

图1-3　美国宾州"流水别墅"草图手稿

（4）来自其他艺术领域艺术作品的启示

建筑不仅是当今科学技术和历史文化的载体，同时也是一件实实在在的建筑艺术作品，而世界上不同门类的文化艺术都具有一定的相通性，因此其他领域的文学、艺术等作品可以对建筑方案构思的形成给以启示。具有深厚的中国传统文化修养的美籍华人建筑师贝聿铭，在日本地处自然环境保护区的美浦博物馆方案构思中，受到陶渊明散文"桃花源记"中描述的人类理想而美好自然场景的启示，其巧妙的方案构思得到业主一拍即合的认同，从而使美浦博物馆成为保护生态环境并与环境融合的典范，是具有浓厚地域特色的世界建筑名作之一。

（5）来自建筑项目自身固有特征的启示

建筑方案构思为整个建筑设计奠定了基础，建筑设计的工作性质是为所建造的建筑工程项目服务，是建筑施工时的重要依据，因此建筑方案构思与设计理应受到建筑项目的使用功能、建筑性质、建筑类别、建筑等级和建筑特殊性等特征的制约。弗兰克·劳埃德·赖特在设计纽约古根海姆博物馆时，受到博物馆固有的基本的使用功能要求，即参观路线明确而连续的启示，创造性地将博物馆设计成环形螺旋形逐层盘旋上升的参观路线，展品随其坡道一侧墙面布置，形成了打破常规和独具一格的博物馆内部空间、参观路线和建筑造型（图1-4）。上海虹口公园的鲁迅纪念馆（一期），是著名建筑师汪定曾设计，他紧紧抓住国宝级人物鲁迅的江南身世、刚直可敬品格、简朴生活和横溢出众才华等特征，从而塑造了平面简洁、参观路线便捷、朴素无华、建筑色彩淡雅、平易可亲的建筑造型和艺术处理，使博物馆气氛与鲁迅固有人品和特征融为一体。

（6）来自建筑师自身建筑观念和思想信息传递的启示

建筑设计方案阶段的设计主体为建筑师，他们的建筑观念和思想，甚至一些处理手法、爱好、工作方式等，或多或少会很自然地渗透到建筑方案构思中，一些具有多年建筑创作实践经验，形成了相对固定和成熟的建筑观念和手法的建筑师就更不难理解了。当今世

图1-4　美国纽约古根海姆博物馆草图手稿

界上许多前卫建筑师如弗兰克·盖里（图1-5）、扎哈·哈迪德（图1-6）和丹尼尔·李宾斯基（图1-7）等，他们都具有自己的创作理论或追求的创作风格，他们代表着当今某一种建筑思潮和流派，塑造出与众不同的建筑空间和造型，而让世人感叹。

1.3　建筑方案构思与设计手绘草图综述

1.3.1　建筑方案构思与设计表达手段种类

建筑方案构思与设计的表达手段随着科学技术发展也在不断变

图1-5　西班牙毕尔巴鄂古根海姆博物馆

图1-6　西班牙斯特拉斯堡交通终点站

化和完善，其表达手段选择的基本条件是能及时和准确地表达建筑方案构思内容，方便提供给下一个阶段有关图纸资料，有利建筑方案构思不断推敲和完善直至建筑方案成熟，能与业主和其他专业人员进行沟通等。建筑方案构思与设计表达手段可归纳为以下几种：

（1）手绘草图

手绘草图包括徒手和仪器绘制草图。

①徒手草图

通常是通过半透明的草图纸（包括硫酸纸和图画纸等）来表达方案构思内容，所使用的绘图工具很广，包括：铅笔、碳笔、钢笔、马克笔、油画棒和毛笔等。绘画时可以黑白的单线勾勒，也可以为表现立体

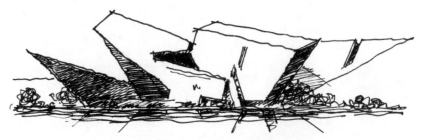

图1-7　美国丹佛艺术博物馆"眼睛和翅膀"

感辅以色彩等等。其绘画工具选择、表现形式和画面大小等，可根据建筑师自身特长和喜爱、工程项目规模大小和不同设计阶段等具体情况而定。

②仪器草图

是徒手草图的延续，使徒手草图以抽象、定性为主，进而为以具象、定量为主，让创意内容更真实和可靠，但又不丢失徒手草图基本特征。一般选用各种硬头笔作为绘图工具，图纸也可使用半透明和不透明纸张。

（2）计算机绘制草图

随着计算机硬件和软件不断发展，相关计算机绘图软件不断升级和改进，计算机绘图技术正在朝着更为快速、简便和更好地体现人性化功能方向发展，但与方案构思原创阶段表达立意主题所显露的随意性、激情性、瞬时性和及时性尚有一定距离，因此可根据设计人对徒手草图的兴趣和掌握能力，在建筑方案构思设计原创阶段采用徒手草图表达较为适宜，进入调整阶段及成熟阶段可采用计算机绘图手段。

选择计算机绘制建筑动画形式，可以使建筑方案构思与设计表达的手段更为准确、全面和真实，产生身临其境的效果，有利于与业主、业外人士沟通。但由于制作复杂、时间长和投入大，一般比较复杂而规模大的工程项目在成熟阶段和成果表达阶段才采用建筑动画形式。

（3）建筑模型

一般在工程项目地形复杂、规模较大和有不同方案构思与设计阶段可采用建筑模型表达手段。建筑模型材料包括：橡皮泥、聚塑板、硬纸板、薄木板、有机玻璃板等。其表达手段具有很好的立体感、空间感、尺度感和真实感等特点。建筑模型材料选择根据不同建筑方案构思与设计阶段要求和特征进行恰当选择，如在原创阶段可采用橡皮泥，调整阶段可采用聚塑板或硬纸板，成熟阶段可采用有机玻璃板或薄木板，这样才能达到预想效果。

1.3.2　建筑方案构思与设计手绘草图的优越性

建筑方案构思与设计选择手绘草图作为表达手段，是由手绘草图的优越性所决定的，其优越性包括：

（1）手绘草图的快速和简便性

手绘草图所使用的工具很简单，一般是铅笔和草图纸，便于携带、操作和保存，建筑方案构思的过程中，建筑师的思维活动往往是不分场合随时随地地激发和展现，而手绘草图能在瞬间记录和表达方案构思起初的立意主题及原创图形。美籍华人建筑师贝聿铭在从华盛顿踏勘国家美术馆东馆现场后乘飞机返回纽约途中，脑海中突然出现了东馆方案构思原创图形，顺手拿着钢笔在信封上徒手绘出了闻名于世的两个三角形平面组合建筑方案雏形的徒手草图（图1-8）。当然徒手草图采用什么工具可根据设计人的喜爱和习惯而定。如美国建筑师史蒂文·霍尔喜欢用水彩画的表达手段在120mm×180mm图纸上随时随地地记录方案构思、原创图形，而其表现形式大部分为效果逼真的透视图，真是令人惊叹的一手绝招（图1-9a、b）。

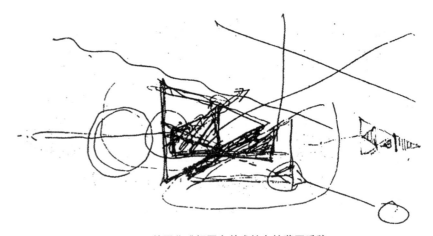

图1-8　美国华盛顿国家美术馆东馆草图手稿

（2）手绘草图具有尝试性和探索性

建筑方案构思过程中原创图形并非很容易捕捉到，或者出现时很不稳定（图1-10），需要设计人通过徒手草图表达手段在纸上不断地尝试和探索，不断在已出现的原创图形上涂改，或者在模糊图形旁不断尝试，甚至可以在原图上覆盖新的草图纸继续进行尝试和探索创作新的原创图形。一张手绘草图常有很多不确定的线条和形象同时存在，便于分析、推敲、比较和选择。

图1-9a　北京当代MoMa构思草图手稿

图1-9b　南京艺术与建筑博物馆构思草图手稿

图1-10　弗兰克·盖里巴黎美国中心构思草图手稿

（3）手绘草图所表达的主题具有发散性和准确性并存的特点

在建筑方案构思原创阶段通过已确定的立意主题所形成的原创图形，往往是相当模糊、发散和概念性的，而设计人的心情和思维状态也是放松、开放和随意的。但同时建筑方案构思与设计手绘草图往往与其他绘画艺术不同，应承受社会、经济和技术等方面制约，同时建筑师毕竟是工程技术人员，对图形的尺寸、尺度和透视关系等概念是清楚的，甚至有经验的建筑师可达到熟练掌握程度，有人说："建筑师的眼睛就是尺子"，这可能有些夸大，但说明一个问题，建筑方案构思与设计手绘草图毕竟要为建筑施工图的设计提供尽可能准确性（图1-11a、b）。

（4）手绘草图便于展示、讨论和交流

建筑设计本身的工作性质决定了需要一个技术团队来合作和完成，同时还需要通过许多非专业人士的认可和批准，因此需及时的将建筑方案构思与设计图纸向有关人员展示并讨论和交流。徒手草图表达效果形象生动、清晰，还可配以必要的色彩、文字说明和分析图，其展示和携带方式方便。也可通过扫描用投影仪展示、讨论和交流，其效果更为理想。

（5）手绘草图是具有夸张性和观赏性的艺术作品

建筑方案构思与设计手绘草图所表达的内容和形式，反映了建筑师的思维活动，而建筑方案构思原创阶段的手绘草图具有瞬时激发的特征，还能突出形象特征及重点部位，画面表达简洁抽象、富有动感、意境深奥和耐人寻味，极具欣赏价值，有的手感甚佳的建筑师绘制徒手草图可称为一幅绘画艺术作品，或抽象派的艺术作品。如丹麦建筑师杰尔·伍重绘制的悉尼歌剧院方案构思原创阶段徒手草图，是一幅令人难忘的抽象派艺术作品（图1-12）。

（6）手绘草图具连续性和储存性

建筑方案构思和设计过程的目的性很明确，是一个始终围绕立意主题进行图形思维活动的过程，一个成熟的建筑方案图形往往是从过去不成熟图形的基础上发展而来的。手绘草图运用的草图纸是半透明的，可以覆盖在以前图形上进行推敲和深入，直至满意，这样的过程可能要反复几次，所以手绘草图的操作连续性正符合建筑方案构思及思维活动要求。在手绘草图表达连续性过程中要求将过去资料和信息进行储存，而草图纸既薄又轻，极易保存，其中一些关键手绘草图和资料还可利用扫描手段保存下来。

通过对手绘草图表达手段优越性的阐述和分析，作者认为手绘草图表达手段在很长时期内还将保留和继承下来，即使将来不断发展的计算机绘图技术具有能够接近手绘草图的功能，那么手绘草图表达手段也绝不会消失。

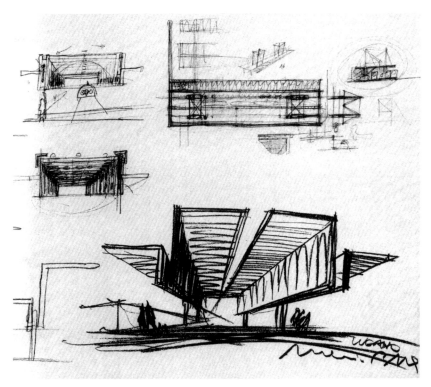

图1-11a　瑞士Terminal公共汽车站马里奥·博塔构思草图手稿

图1-11b　建成后瑞士Terminal公共汽车站

1.3.3　建筑方案构思与设计手绘草图的表达类型

（1）按表达使用工具划分

①铅笔

采用铅笔绘制手绘草图较为普遍，具有一定传统意义，铅笔手绘草图的效果既具有单线勾勒线条的刚直挺拔，也可曲折蜿蜒，它也可用粗细轻重变化来强调画面空间感和突出重点，也可用明暗面对比来表达建筑立体感，还可通过简练而概括的配景来强调画面尺度感和层次感。铅笔软硬选择和笔芯形状可根据设计人的绘图习惯和特点来确定。一般采用的铅笔应是软芯的，以便能画出粗细和轻重效果。

②炭笔

采用炭笔绘制手绘草图，其效果类似铅笔，但是由于炭笔质地松软，因此绘制画面效果更具有粗犷、突出和对比强烈的效果。在绘制过程中由于炭笔质地松软，应注意画面绘制程序，以免手臂接触画面而影响草图效果。如在成熟阶段绘制草图可选择较厚的素描纸，画成后可喷一层薄薄的胶水以便保持画面原有效果。

③钢笔

钢笔工具一般包括普通灌墨水钢笔、签字笔和绘图笔。现在计算机绘图在建筑设计过程中已成为主要绘图工具，但设计人员在出图时还要签字和作必要记录，所以钢笔已成必备工具，由此用钢笔绘制的手绘草图越来越多。钢笔绘制草图的效果与铅笔相似，但也有区别，首先钢笔不易一笔画出轻重和粗细变化；其次钢笔一般不用半透明草图纸，画在白纸上其效果更为清晰、突出；再次待钢笔墨水干后，手触摸也无妨，极易保存。

④马克笔

我国运用马克笔工具绘制徒手草图的时间不是很长，但由于其自身特点越来越被人们认知而广泛采用。虽然马克笔工具绘图效果类似钢笔，但是马克笔种类多、型号全，表现手法多样且草图画面色彩艳丽、丰富多彩，所以被设计人员普遍认可。

以上四种绘图工具均可运用尺子作为辅助工具来绘制草图，

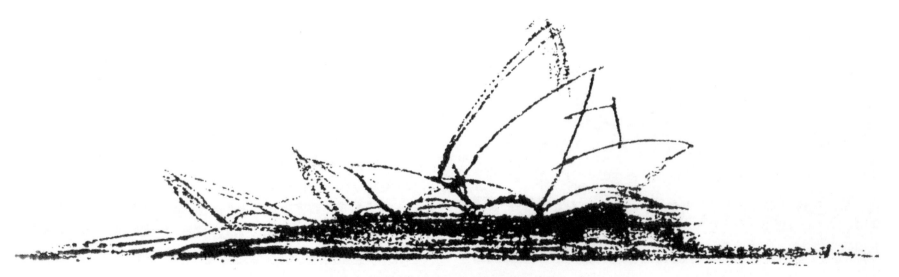

图1-12　杰尔·伍重悉尼歌剧院构思草图手稿

尤其在建筑方案构思与设计成熟阶段，要求草图表达更为准确和具有工程性。同时也可结合色彩手段增加草图真实感，彩色笔的选择可以为同一类型的也可非同一类型的，如用铅笔绘制线条轮廓，辅以彩色铅笔的色彩，也可用钢笔绘制线条轮廓，辅以不同颜色马克笔的色彩，绘制方法可根据设计人习惯和表达要求任意组合和选择。

（2）按表达内容性质划分

①构思创意型

构思创意型手绘草图主要是表达推敲和研究建筑方案整体和局部有关设计构思的内容。这类手绘草图经常运用在建筑方案构思原创阶段和调整阶段，草图表达内容为立意主题，表达形式一般是模糊的和发散的，具有一定个人色彩和风格，表达目的是为了寻求和探索建筑方案的原创图形，为下一步建筑方案不断调整和成熟提供素材，一般是设计人自己思考的草图。但是这类草图也不排除出现在建筑方案构思与设计成熟阶段，如在建筑平面出入口门斗、台阶、坡道、雨篷等局部的处理，建筑立面，局部檐口处理等方面也可运用构思创意型草图表达手段来研究和完善建筑局部设计问题。构思创意型草图往往是"形简而意丰，图拙而思巧"，不仅表达创意的主题形象，而且以其模糊和发散的特征扩展和启迪创意者的思路，并具有很强的交流对话功能。

②成果表达型

成果表达型手绘草图主要是把某一阶段建筑方案整体和局部的终结成果图形表达出来。在建筑方案构思与设计过程中，不同阶段会出现不同内容的图形，这些图形经过快速覆盖整理，形成较为清晰的草图，为下阶段积累资料，也可及时与有关人员交流和讨论，通过一系列修改和完善，直至形成建筑方案构思与设计成熟阶段的手绘草图终结成果，这些手绘草图都属于设计过程或成果表达范畴，不同阶段有着不同程度的表达内容。

（3）按建筑方案构思与设计不同阶段划分

①原创阶段

原创阶段手绘草图一般使用的工具较为随意，图形内容主要为表达、分析、方案构思、立意主题，并通过原创图形表达建筑方案雏形，画面效果反映了运笔快速、概括、表现线条简练、流畅的特点，能充分反映建筑师的创作风格。

②调整阶段

调整阶段手绘草图一般的使用工具为设计人选择的常备的工具，画面内容主要是通过小比例（1∶200以下）的总平面、平面、立面、剖面和透视图等主要图形，较清晰地表达能包含建筑方案构思、立意主题内容的建筑方案调整和完善过程。线条运笔简练而严谨，草图画面内容的布局较规整，具有一定工程制图模式。

③成熟阶段

成熟阶段手绘草图表达内容为调整阶段的延续和深入，最终形成了贯穿方案构思、立意主题并已成熟的建筑方案。表达建筑方案图形是采用较大比例并展开全部内容的图面，其手绘草图需按基本建筑制图规则进行绘制，所有定形和定量问题均应交待和标注清楚，图面虽还保持手绘草图的风貌，但运笔严谨甚至刻板，图面内容布局规整。

1.3.4　结合计算机绘图技术辅助绘制的建筑方案构思与设计手绘草图

当今计算机绘图技术已经成为建筑设计过程中主要的绘图工具，这给建筑方案构思与设计阶段运用手绘草图表达手段与计算机绘图技术相结合创造了有利条件。通过作者实践，这方面可以总结为如下三种模式。

①采用手绘草图表达手段进行建筑方案构思与设计,待建筑方案成熟后运用计算机CAD绘制方案效果表现图。计算机绘图技术什么时候进入,由设计人根据工程规模大小和本人对手绘草图掌握的熟练程度而定。

②运用手绘草图表达某建筑透视图,由于图面较大,可经扫描后,运用计算机绘图技术进行处理,如天空、配景和比例人等,最后做图框和书写标题等。也可把平面、剖面、立面图等同样通过处理后,翻印图纸和裱装处理,使最后的成果表达比较完整。总之,以上两种是计算机CAD运用仅为绘制成果表现图的做法。

③运用手绘草图与计算机CAD手段结合进行建筑方案设计

这类结合形式一般有三种情况:第一种,由于设计人员对尺度或透视关系徒手能力不易准确表达,因此可在草图纸底下衬以运用计算机绘制的方格网或所需要的透视角度建筑物轮廓线的图纸,从而提高手绘草图设计内容的可靠性和准确性。第二种,设计人员具有一定草图表达能力,但工程项目规模较大,或是图形极不规则,手绘草图表达手段具有一定困难,也可用前面的覆盖方法。第三种,初步成熟建筑方案已进入运用计算机CAD绘制阶段,但建筑方案局部出现问题,也可用徒手草图手段对局部图形进行推敲和完善,待满意后再输入计算机。总之,这些计算机CAD软件与手绘草图交叉和互补的运用有利于当今的建筑方案构思与设计工作。

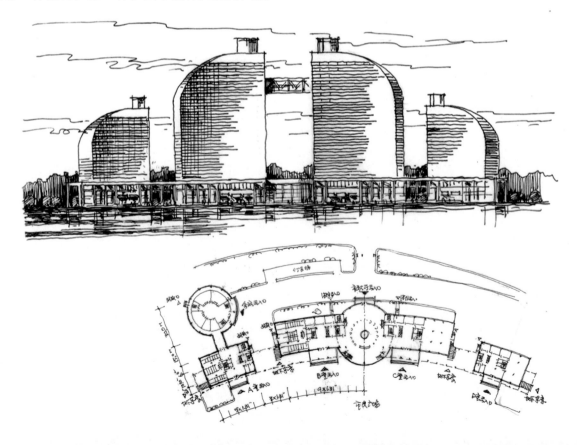

2 不同类型和不同阶段建筑方案
构思与设计手绘草图实例

2-1　铅笔手绘草图

图2-1-1　天津某中级人民法院建筑方案构思与设计成熟阶段从南立面研究建筑造型、虚实对比和细部处理的设计草图。

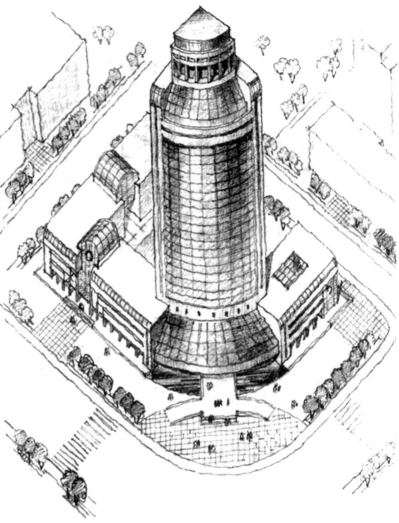

图2-1-2 昆山市某银行综合大楼建筑方案构思与设计成熟阶段运用铅笔表现手段从建筑鸟瞰角度对建筑造型、建筑细部、虚实和明暗对比效果方面研究草图。

图2-1-3 北京某报社办公大厦建筑方案构思与设计成熟阶段运用铅笔表现手段从建筑鸟瞰角度对建筑造型、建筑细部、虚实和明暗对比效果研究草图。

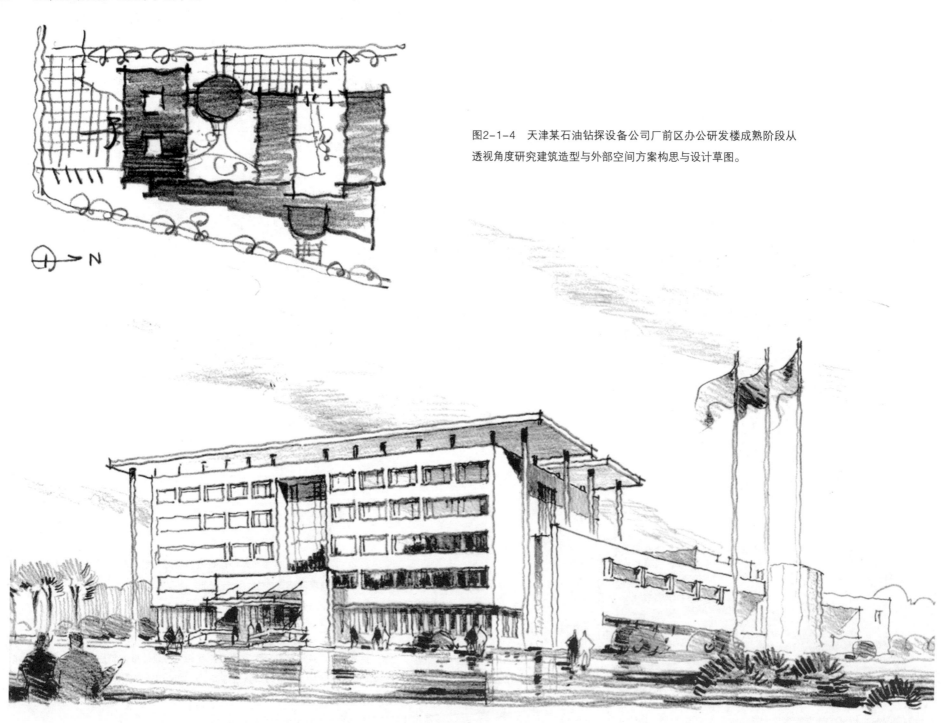

图2-1-4   天津某石油钻探设备公司厂前区办公研发楼成熟阶段从
透视角度研究建筑造型与外部空间方案构思与设计草图。

图2-1-5　吉林市某综合大楼建筑方案构思与设计调整阶段运用铅笔表现手段从建筑透视角度对建筑造型、虚实和明暗对比效果的推敲研究草图。

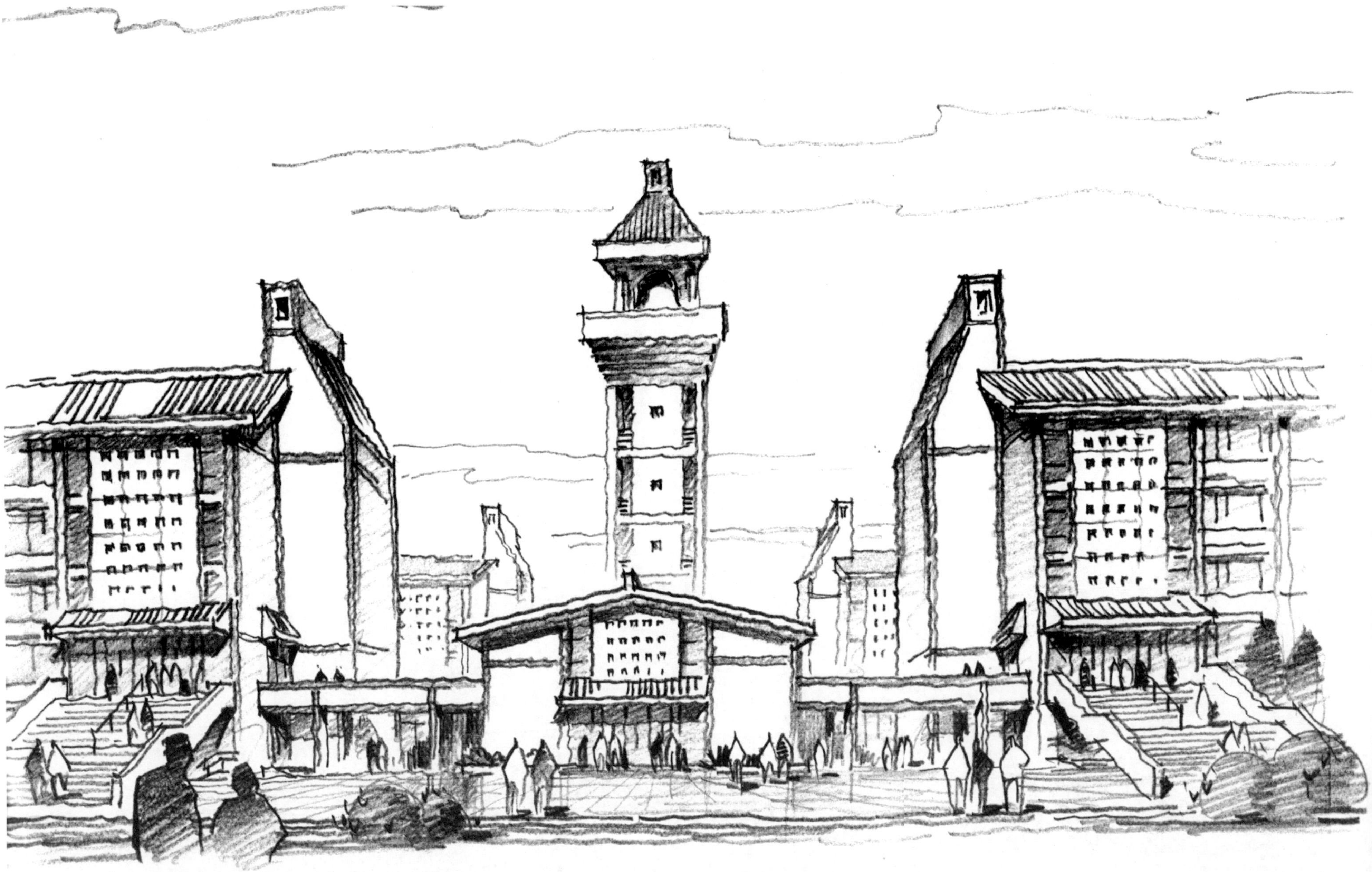

图2-1-6 运用铅笔表现手段，在张北一中方案中标后修改教学区中心时，建筑方案构思与设计成熟阶段研究教学区中心建筑布局、空间关系和出入口处理等内容的手绘草图。

2-2　炭笔手绘草图

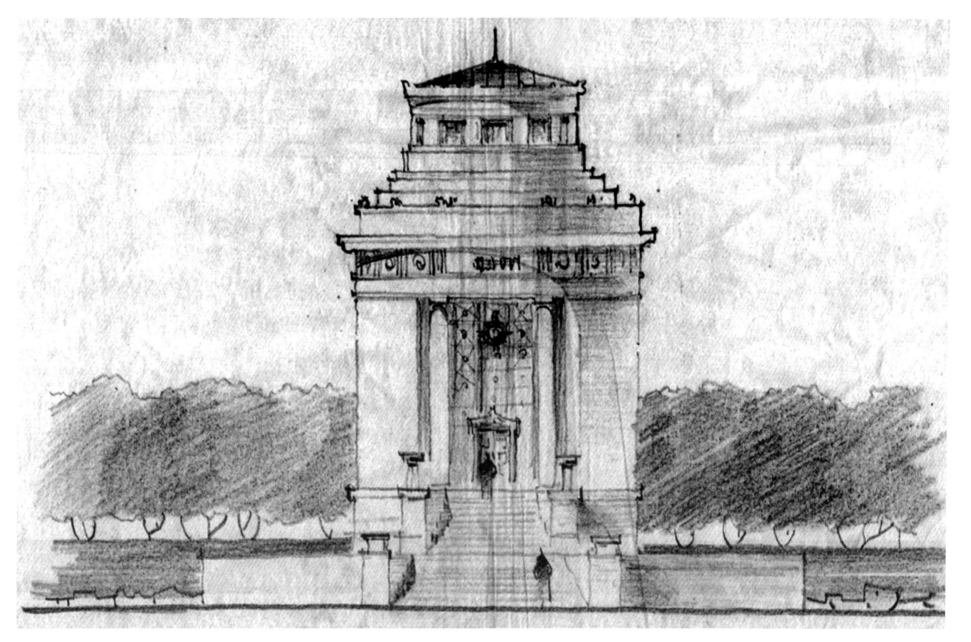

图2-2-1　某公园西方古典建筑纪念亭建筑方案成熟阶段方案构思与设计草图之一（1960年临绘）。

图2-2-2   某公园西方古典建筑纪念亭建筑方案成熟阶段方案构思与设计草图之二。

图2-2-3　某公园西方古典建筑纪念亭建筑方案成熟阶段方案构思与设计草图之三。

图2-2-4 某公园西方古典建筑纪念堂建筑方案成熟阶段方案构思与设计草图之四。

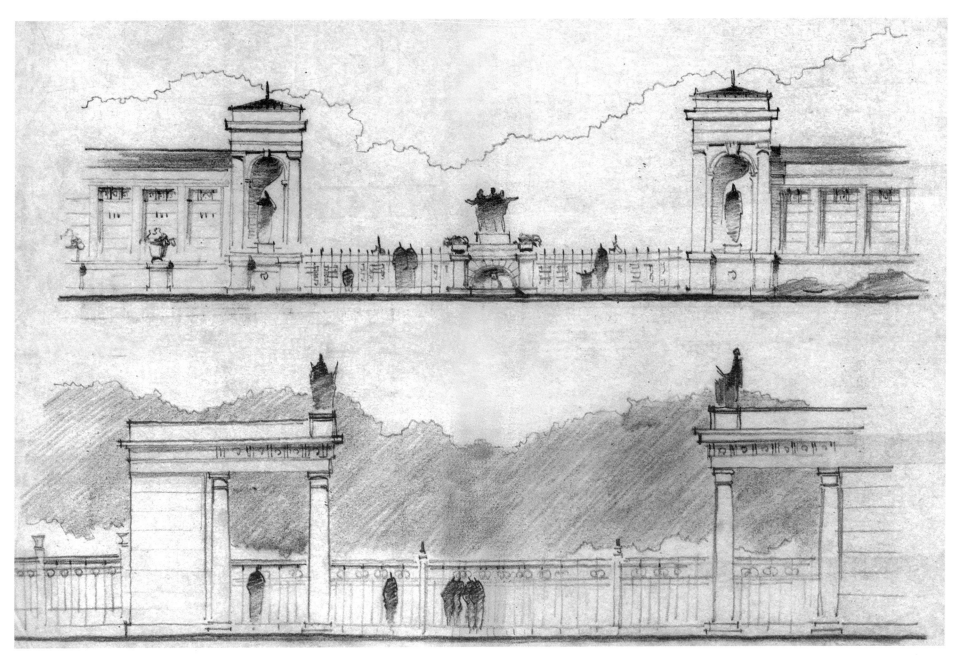

图2-2-5　某公园西方古典建筑大门建筑方案成熟阶段方案构思与设计草图。

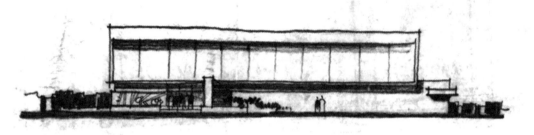

·南立面图· 1:400

·西立面图· 1:400

·剖面图· 1:400

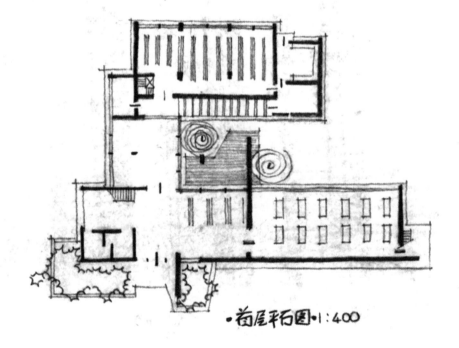

·首层平面图·1:400

·二层平面图· 1:400

图2-2-6（a） 某小型图书馆建筑方案调整阶段方案构思与设计草图之一（a、b、c，张善荣教学临绘）。

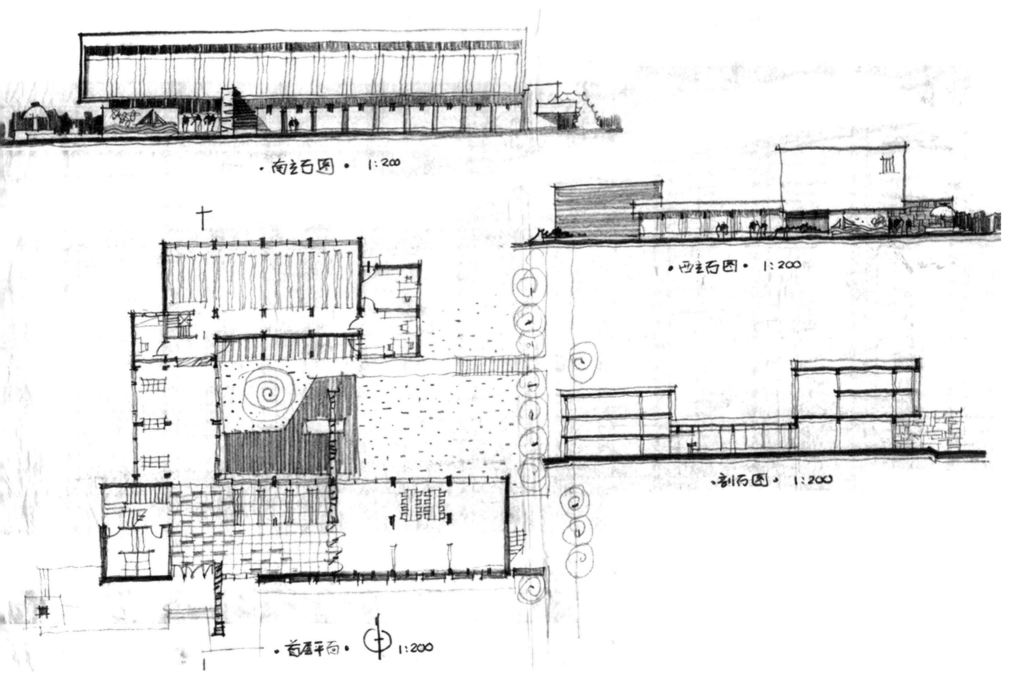

· 南立面图 ·　1：200

· 西立面图 ·　1：200

· 剖面图 ·　1：200

· 首层平面 · 　1：200

图2-2-6（b）　某小型图书馆建筑方案成熟阶段方案构思与设计草图之二。

图2-2-6（c） 某小型图书馆建筑方案成熟阶段方案构思与设计草图之三。

图2-2-7　天津某集团综合大楼调整阶段推敲研究建筑沿街广场"围"还是"敞"的方案构思与设计草图。

2-3 钢笔手绘草图

图2-3-1   河北工业大学东院学生食堂建筑方案成熟阶段从建筑透视角度研究建筑造型及外部空间方案构思与设计草图（1979年绘）。

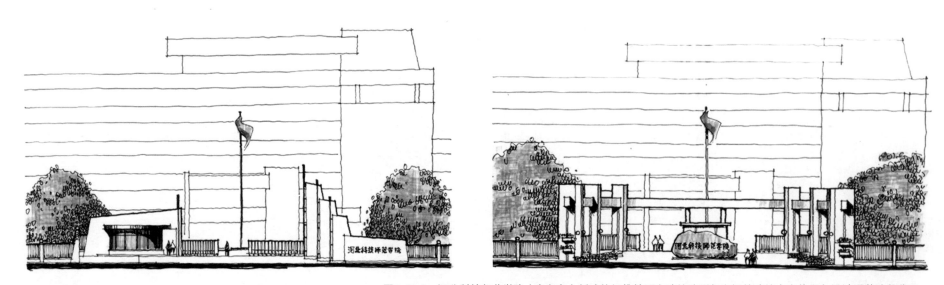

图2-3-2   河北科技师范学院（秦皇岛）新建校门推敲研究建筑造型与空间的建筑方案构思与设计调整阶段草图。

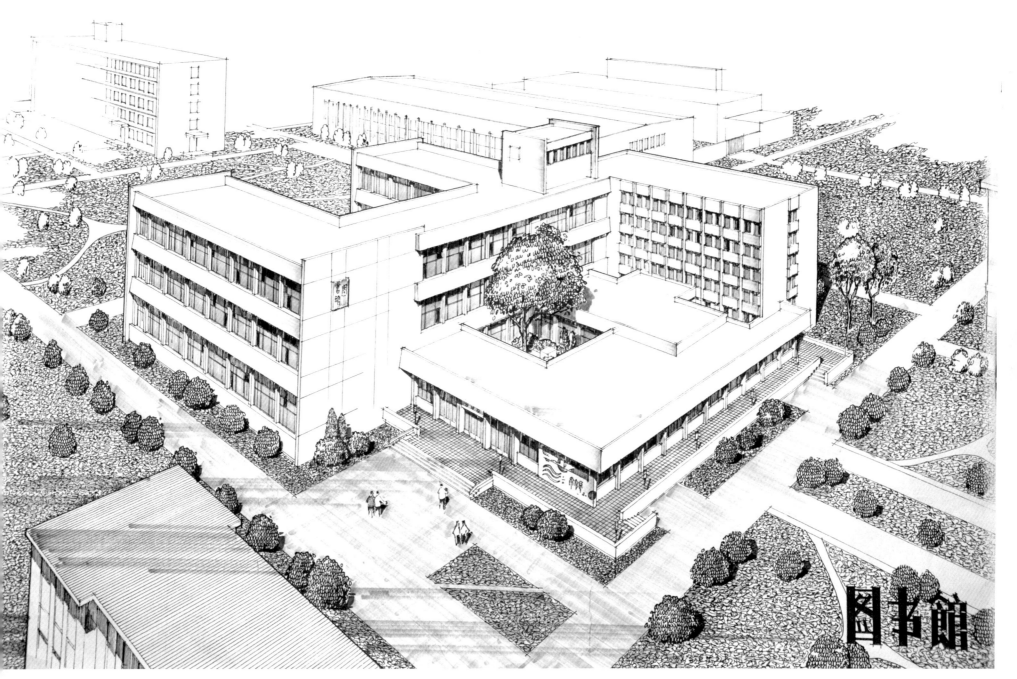

图2-3-3　图书馆建筑方案构思与设计成熟阶段东南方位建筑鸟瞰图。

图2-3-4　河北某开发区综合服务楼成熟阶段以建筑透视角度研究建筑造型、细部处理、虚实与明暗对比效果的构思与设计草图。

2-4　黑色硬笔加铅笔、马克笔淡彩手绘草图

图2-4-1　某学校大门建筑方案成熟阶段从建筑正立面一点透视角度研究建筑造型和外部空间的建筑方案构思与设计铅笔淡彩草图。

图2-4-2 河北大学（老校区南院）图书馆建筑方案成熟阶段从建筑轴测角度研究建筑造型及外部空间的建筑方案构思与设计钢笔加马克笔淡彩草图。

图2-4-3 承德医学院（山地校区）图书馆建筑方案成熟阶段从建筑轴测角度研究建筑造型及外部空间的建筑方案构思与设计钢笔加马克笔淡彩草图。

图2-4-4 河北冀东司法管理部门体育文化中心建筑方案构思与设计调整阶段建筑造型推敲研究过程的马克笔彩色草图。

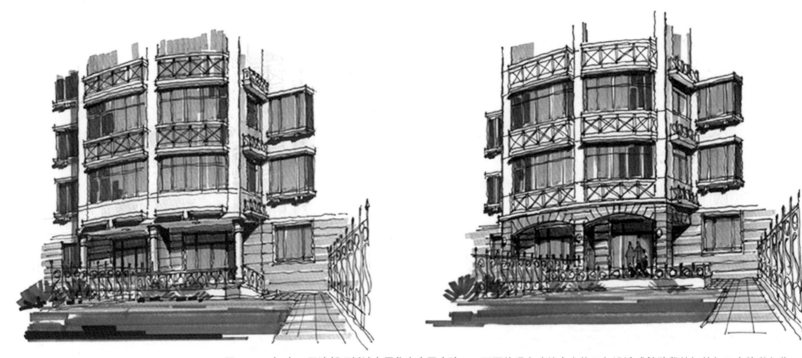

图2-4-5（a） 天津都旺新城多层住宅底层庭院入口不同处理在建筑方案构思与设计成熟阶段的钢笔加马克笔彩色草图。

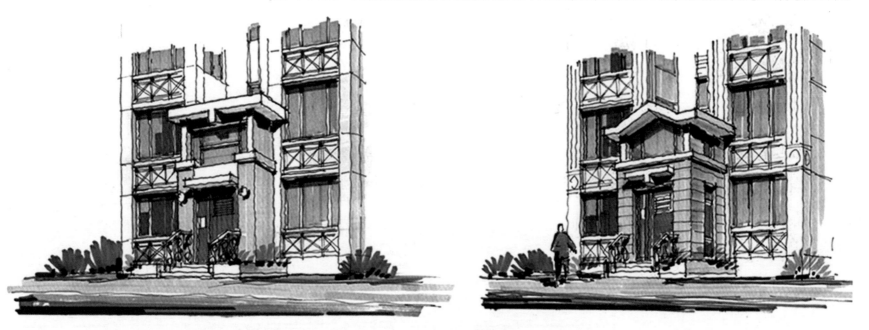

图2-4-5（b） 天津都旺新城多层住宅楼梯间北入口门头不同处理在建筑方案构思与设计成熟阶段的钢笔加马克笔彩色草图。

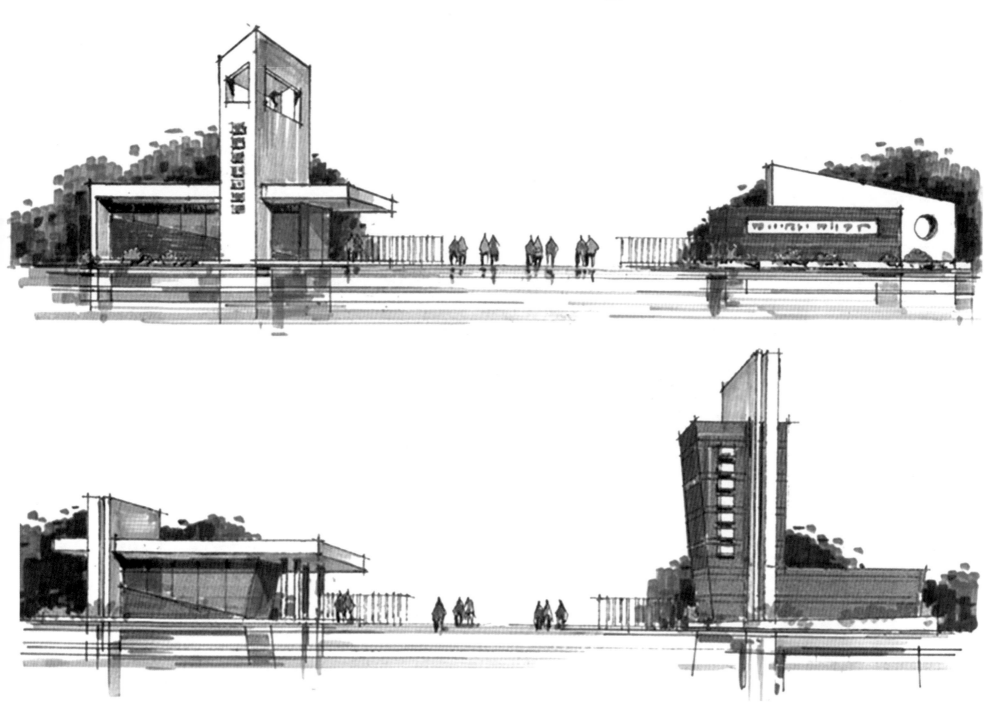

图2-4-6　天津某经济开发区两种不同处理工厂大门建筑方案构思与设计调整阶段建筑造型推敲研究的马克笔彩色草图。

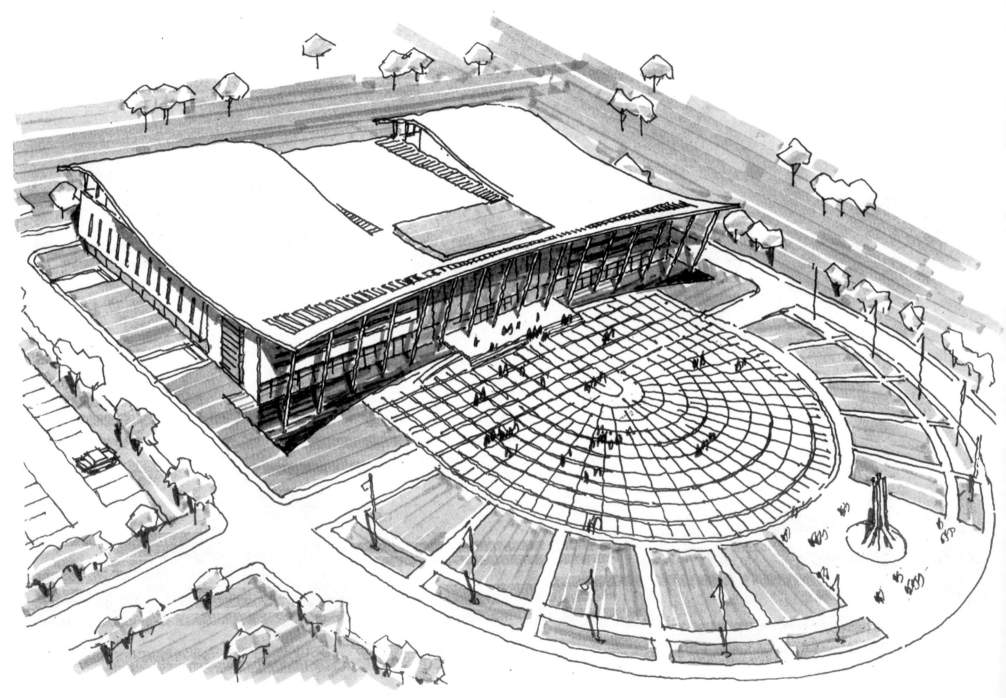

图2-4-7　某会展中心建筑方案构思与设计成熟阶段从总体布局鸟瞰角度研究建筑造型、建筑与广场关系、广场景点设置等内容的设计草图。

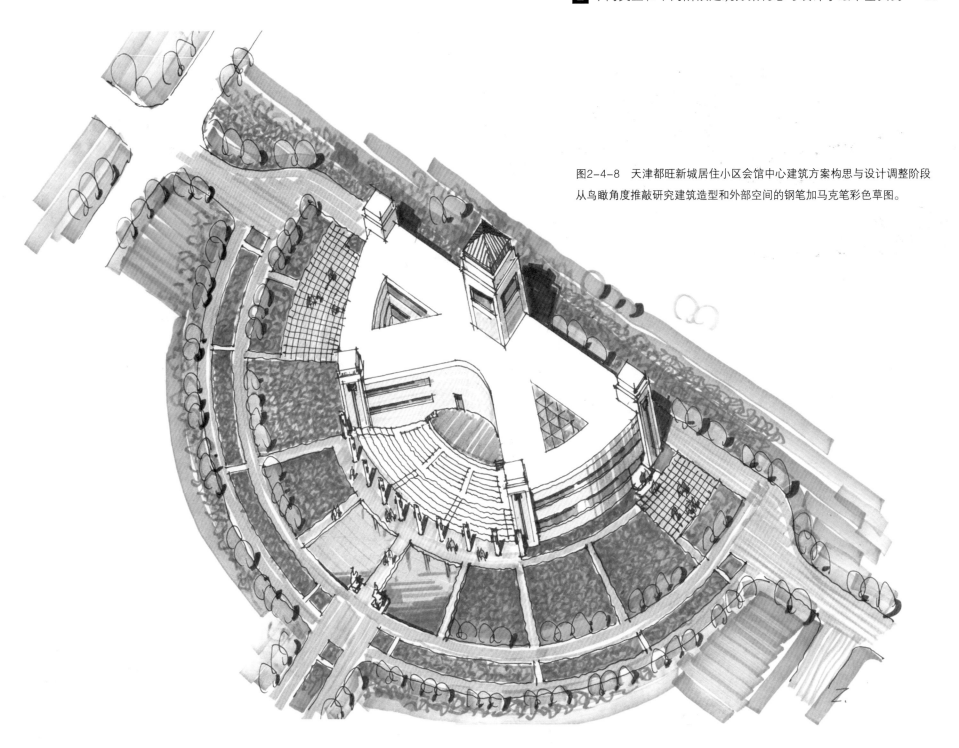

图2-4-8　天津都旺新城居住小区会馆中心建筑方案构思与设计调整阶段从鸟瞰角度推敲研究建筑造型和外部空间的钢笔加马克笔彩色草图。

·鸟瞰图·

图2-4-9 某幼儿园建筑方案构思与设计成熟阶段总平面、
平、立、剖面和鸟瞰图研究效果的炭笔加马克笔彩色草图
（教学二草）。

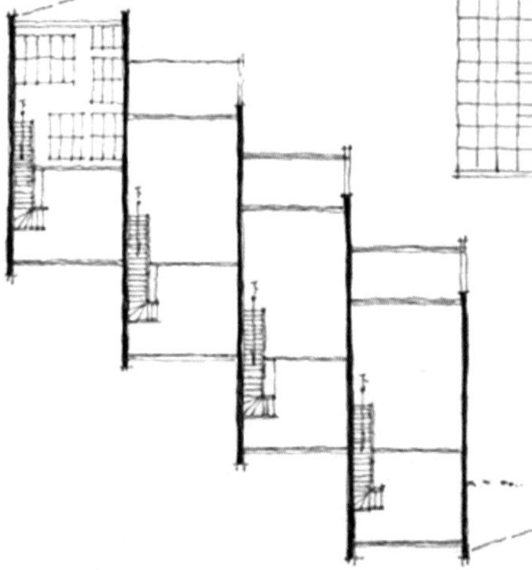

·二层平面图·

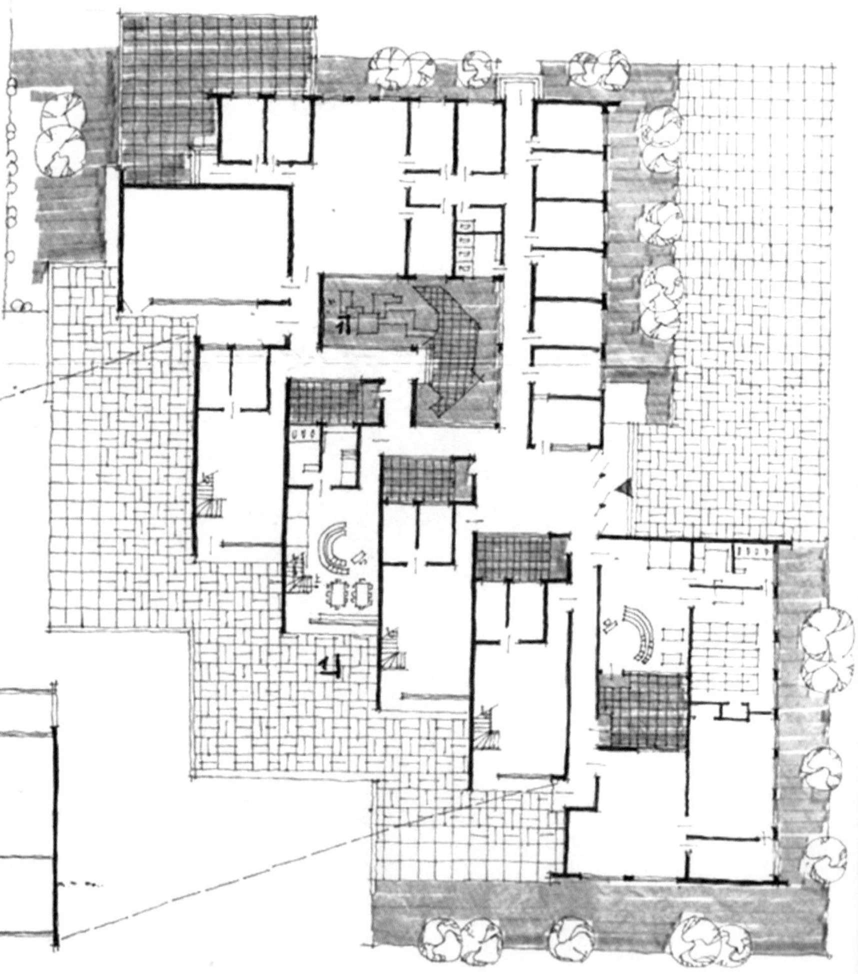

·首层平面图· 1:200

·总平面图· 1:1000

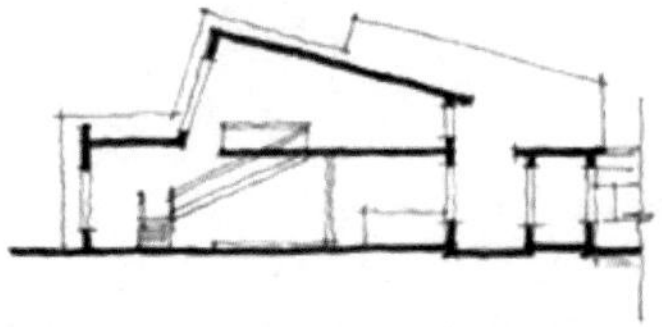

·1-1剖面图·

·南立面图·

图2-4-10　河北工业大学南院教学楼可研阶段建筑方案构思与设计调整阶段研究建筑造型和广场空间关系的钢笔加马克笔彩色草图。

图2-4-11　石家庄某居住小区规划与建筑设计成熟阶段从建筑透视角度推敲研究建筑垂直绿化效果的钢笔马克笔彩色草图。

图2-4-12　河北工程技术高等专科学校新校区教学区主楼建筑方案成熟阶段从建筑透视角度研究建筑造型和广场空间关系的钢笔加马克笔彩色草图。

图2-4-13 邢台市购物中心建筑方案成熟阶段从透视角度研究建筑造型和虚实对比效果的钢笔加马克笔彩色草图。

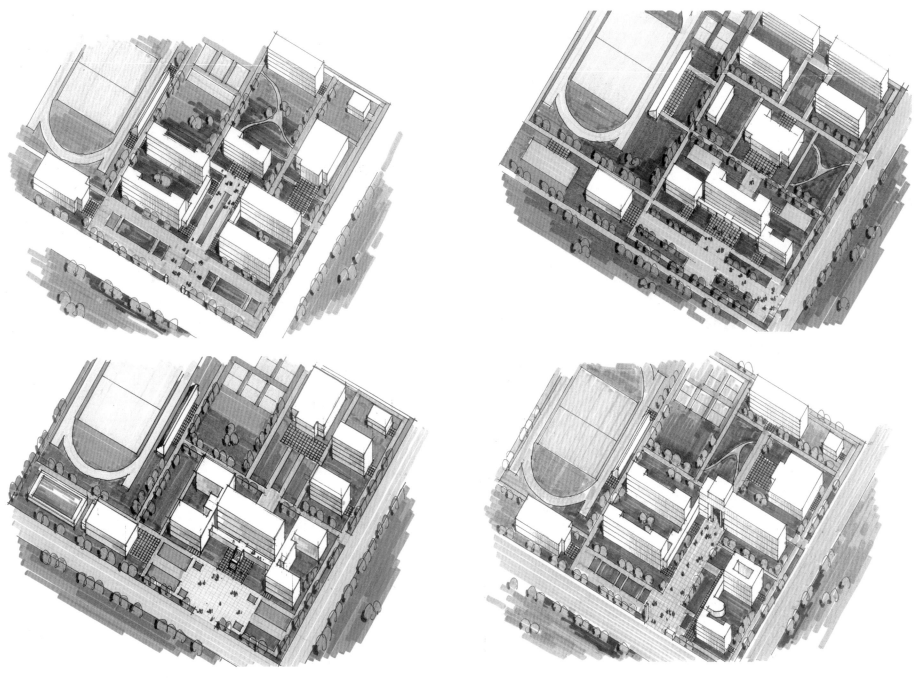

图2-4-14　运用黑色钢笔和彩色马克笔表现手段在某中学校园规划方案构思与设计调整阶段通过四个不同
规划方案推敲校园功能分区、道路系统、外部空间、建筑布局和绿化布置等内容的研究草图。

图2-4-15   运用黑色钢笔和蓝色马克笔表现手段在河北工程大学新建图书馆建筑方案构思与设计成熟阶段推敲建筑造型、竖向

热缓冲玻璃单元建筑立面细部处理、虚实和明暗对比、建筑与广场空间和架空人行廊道关系等效果的研究草图。

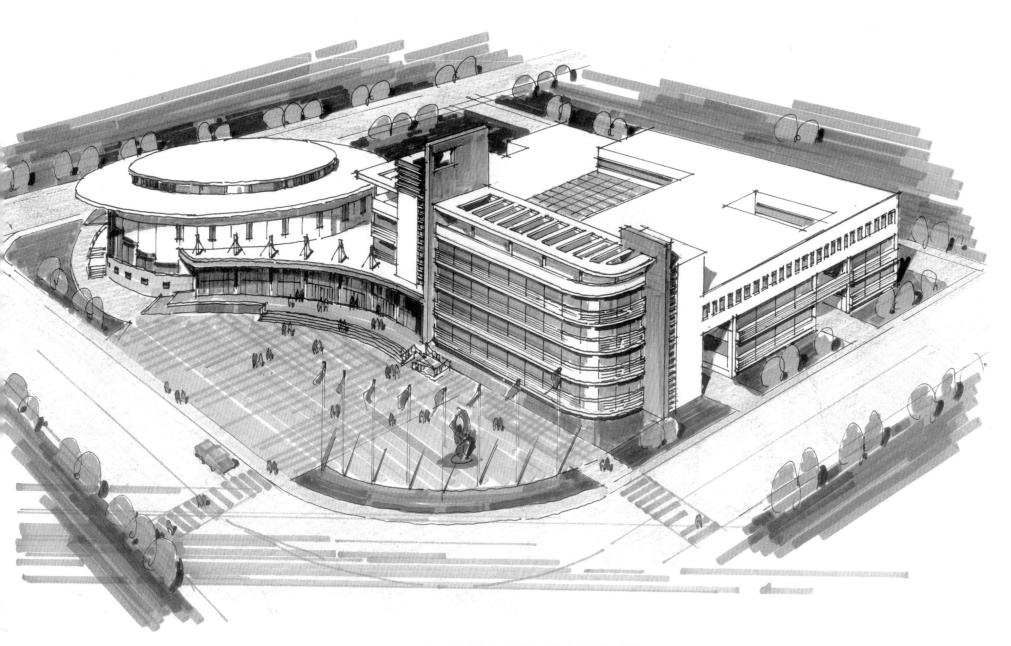

图2-4-16（a）　运用黑色钢笔和彩色马克笔表现手段在河北工业大学新校区大学生活动中心（中标前）建筑方案构思与设计
调整阶段推敲建筑造型、建筑与广场景观关系的效果研究草图。

图2-4-16（b）　河北工业大学新校区大学生活动中心（中标后）建筑方案构思与设计原创阶段，运用马克笔表现手段推敲建筑造型构思手绘草图。

图2-4-17　运用黑色钢笔和彩色马克笔表现手段在某中学校
门建筑方案构思与设计调整阶段推敲校门造型、细部和色彩的
效果研究草图。

图2-4-18　河北科技师范学院图书馆扩建工程建筑方案构思与设计成熟阶段从建筑透视角度运用黑色钢笔和彩色
马克笔表现手段分别对新老图书馆空间组合关系、建筑造型、虚实和明暗对比等内容推敲效果的研究草图。

图2-4-19（a）　河北科技师范学院（昌黎校区）
建筑方案构思与设计原创阶段运用马克笔表现手段
推敲建筑造型方案之一手绘草图。

图2-4-19（b）　河北科技师范学院（昌黎校区）
建筑方案构思与设计原创阶段运用马克笔表现手段
推敲建筑造型方案之二手绘草图。

图2-4-20　天津社会科学研究院办公楼建筑方案构思与设计调整阶段运用马克笔表现手段推敲建筑造型构思手绘草图。

图2-4-21　张北三中综合教学主楼建筑方案构思与设计调整阶段，运用马克笔手段推敲建筑造型构思手绘草图。

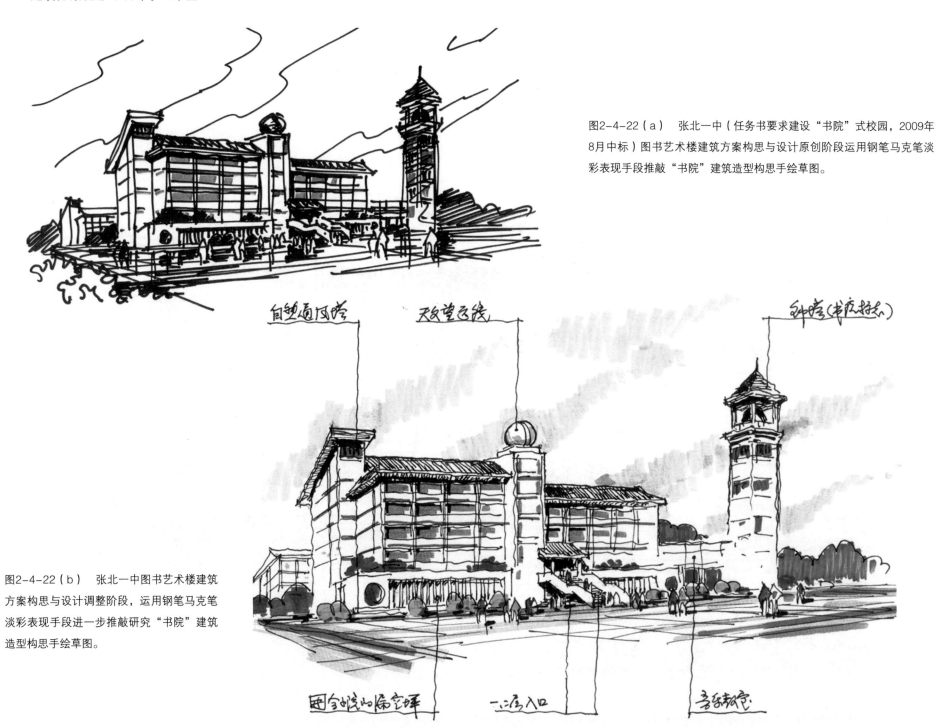

图2-4-22（a）　张北一中（任务书要求建设"书院"式校园，2009年8月中标）图书艺术楼建筑方案构思与设计原创阶段运用钢笔马克笔淡彩表现手段推敲"书院"建筑造型构思手绘草图。

图2-4-22（b）　张北一中图书艺术楼建筑方案构思与设计调整阶段，运用钢笔马克笔淡彩表现手段进一步推敲研究"书院"建筑造型构思手绘草图。

图2-4-23　张北一中学生食堂建筑方案构思与设计调整阶段运用钢笔马克笔淡彩表现手段研究"书院"建筑造型、细部处理和建筑色彩等内容的手绘草图。

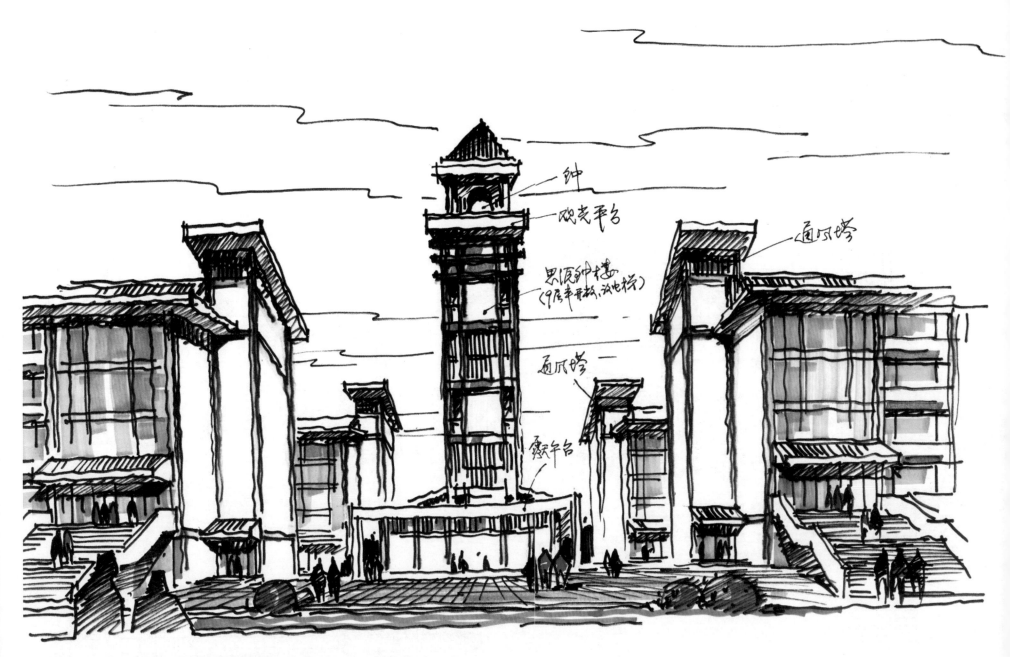

钟

观光平台

思顶钟楼
（9层平顶，设电梯）

通风塔

通风塔

观平台

图2-4-24   在运用黑色马克笔画轮廓线的基础上适当加以彩色马克笔的表现手段，在张北一中方案中标后修改教学区中心时，
建筑方案构思与设计成熟阶段研究教学区教学中心建筑布局、空间、色彩和出入口处理等内容的手绘草图。

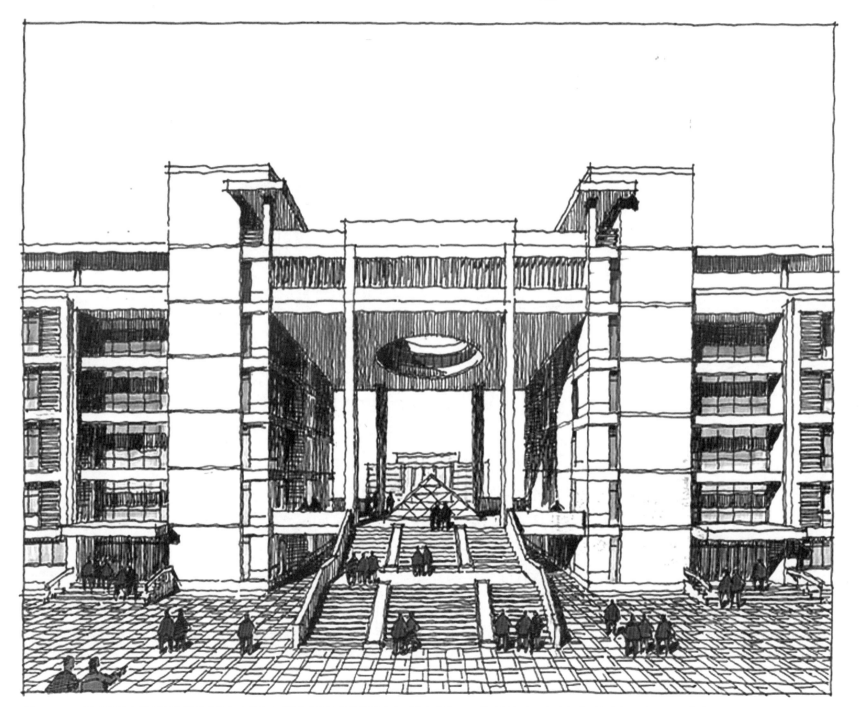

图2-4-25　河北胜芳中学新建教学楼建筑方案构思与设计成熟阶段教学区中心"步行街"入口从透视角度研究建筑造型与空间尺度关系设计草图。

图2-4-26　河北工业大学新校区"校史园"内"北洋工艺学堂百年纪念亭"建筑方案构思与设计调整阶段研究建筑造型和环境处理手绘草图。

3 建筑方案构思与设计手绘草图项目实例

3-1 公园茶室

项目简介：拟建茶室地段面临公园主要道路，道路南侧为公园主要湖面，茶室内容包括冷、热饮料营业厅，休闲娱乐室及服务用房等。

构思主题：作者通过在公园观察，认为游园人群中以三口家庭为主，显然三口家庭已成为社会组成主体细胞。由此启发营业厅桌子为三角形最为合理和经济，为了配合桌椅布置，建筑平面也采用三角形最为贴切。在推敲建筑平面组合过程中，作者认为营业厅及娱乐室采用一正一反三角形平面的布局，对建筑立面和造型效果来说较为理想。

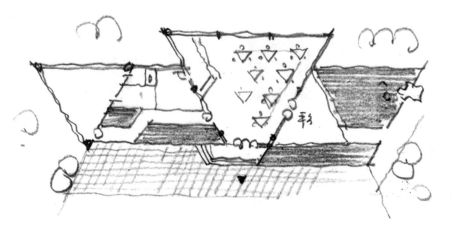

图3-1-2 公园茶室调整阶段推敲确定的建筑平面、立面图设计草图。

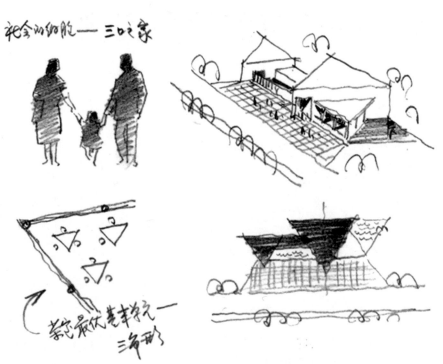

图3-1-1 公园茶室方案构思主题分析和原创图形推敲草图。

图3-1-3　公园茶室建筑方案构思与设计调整
阶段对建筑造型、空间关系等内容的推敲草
图，图中展示了两种不同平面布局的效果。

图3-1-4　公园茶室建筑立面在建筑方案构思与设计成熟阶
段设计草图。

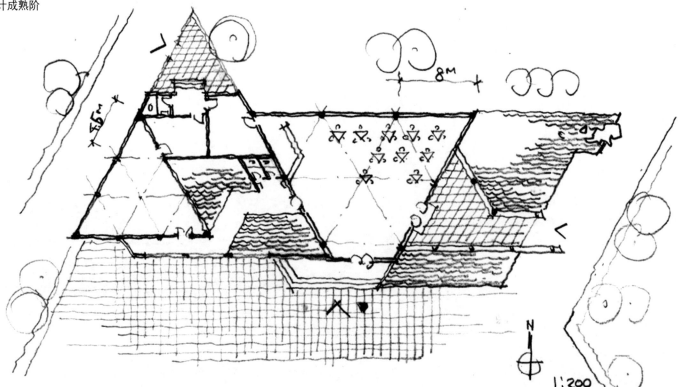

图3-1-5　公园茶室建筑平面在建筑方案
构思与设计成熟阶段设计草图。

3-2 邢台襄都市场

项目简介：襄都市场位于邢台市中心区，距西北方向清风楼约400米，西侧紧邻火神庙和小土岗（传说为瓮城遗址）。清风楼始建于唐、宋，为邢台市古城标志性历史人文建筑，当地规划部门将清风楼和府前街中心规划为邢台历史文化保护区之一，其中包括襄都市场拟建地段。建筑规模约1万平米，建成后将把邢台原有道路商摊移入室内，形成具有一定规模的正规的商城。本项目为作者第一次中标方案并实施的工程。

构思主题："历史文脉、现代功能"

襄都市场地处邢台重要历史文化保护区内，建筑造型和风格应考虑与其环境相呼应，建筑立面和细部处理要简朴不宜张扬，起到更好保护环境的陪衬作用。襄都市场建于"改革开放"初期，预计邢台商业经济将飞速发展，但原有邢台商业建筑规模和设计理念滞后，作者在方案构思中将新的"中庭建筑空间"手法运用在市场建设中，给邢台商业建筑注入新的设计理念，更好地适应了现代多元化、多层次使用的功能要求。

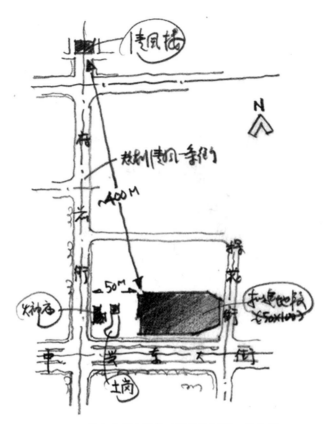

图3-2-1 邢台襄都市场拟建地段位置图，并分析与周围历史文化建筑关系。

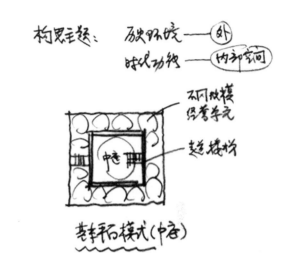

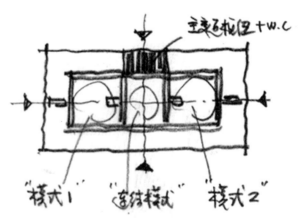

图3-2-2 襄都市场建筑方案构思与设计原创图形——基本平面模式、模式组合平面构思草图。

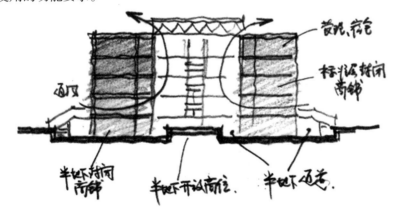

图3-2-3 襄都市场建筑方案构思与设计原创图形——建筑剖面,推敲自然通风和内部空间安排等构思草图。

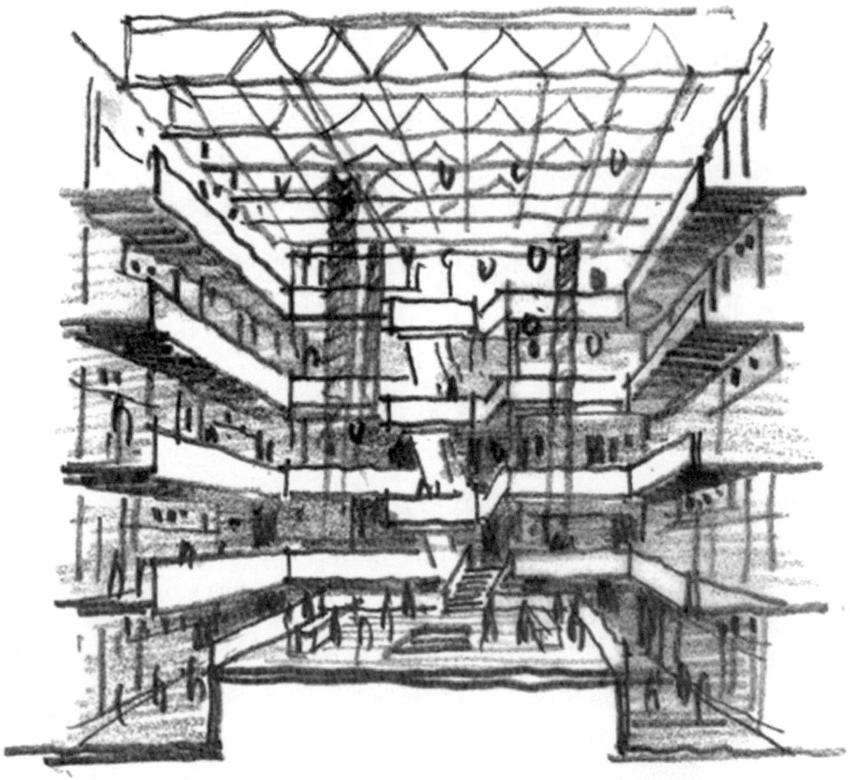

图3-2-5　襄都市场内部中庭空间设想。分别对标准层封闭商铺、半地下层封闭商铺，中庭半地下层（岛式）开敞商铺、各种类型通道、中庭悬挑楼梯和通风等内容，通过室内透视的角度进行推敲、研究的设计草图。

图3-2-4　襄都市场建筑方案构思与设计调整阶段分别从建筑正立面和透视角度推敲建筑造型效果设计草图。

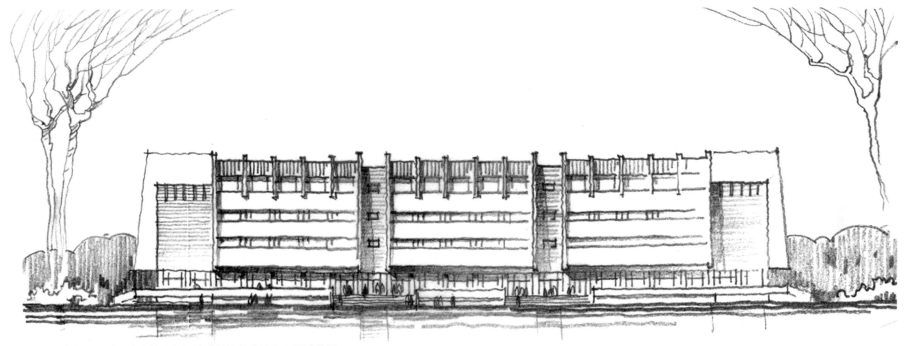

图3-2-6　襄都市场建筑方案构思与设计成熟阶段建筑立面设计草图。

图3-2-7　襄都市场建筑方案构思与设计成熟阶段建筑首层
平面设计草图。

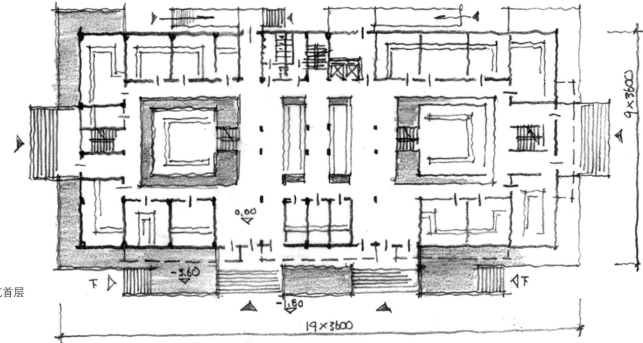

图3-2-8　襄都市场建筑方案构思与设计成熟阶段建筑透视图，图左侧为环境保护景观设计构想。

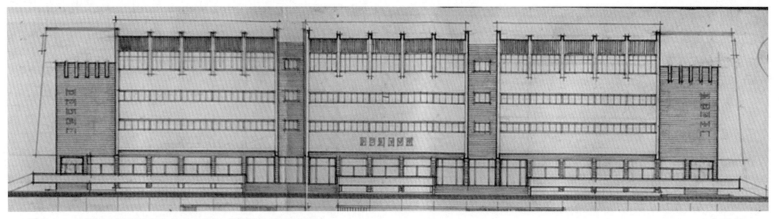

图3-2-9　襄都市场建筑方案构思与设计成熟阶段建筑立面图。

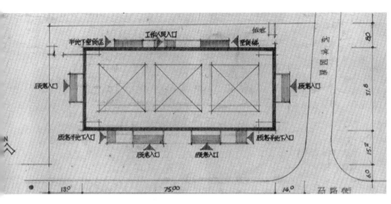

图3-2-10 襄都市场建筑方案构思与设计成熟阶段建筑总平面图。

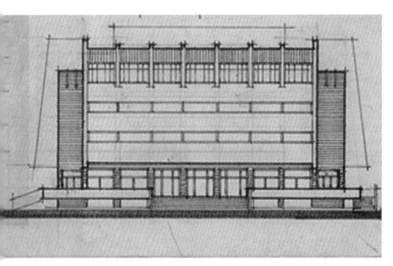

图3-2-11 襄都市场建筑方案构思与设计成熟阶段建筑侧立面图。

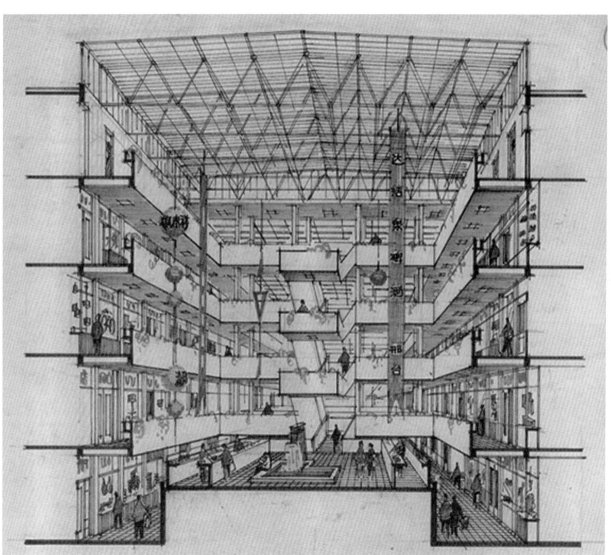

图3-2-12 襄都市场建筑方案构思与设计成熟阶段建筑中庭室内剖视图。

3-3　河北工业大学图书馆（市内校区）

项目简介：新建图书馆位于河北工业大学东院（原北洋大学校址），通过校园规划，校园主校门由东侧移至南侧，面向西沽公园，强调了校园新的南北向建筑轴线，图书馆位于校园内主广场西侧，南临联系教学区与学生生活区的主要道路，位置较为敏感。场地有古树数棵及部分平房。

构思主题："建筑创作之本——环境·功能"系列之一

"环境"结合图书馆位置从人流、校园轴线和广场等因素考虑，图书馆主入口设置在东、南侧均可，但如同时考虑与校门关系，建筑出入口及馆前广场设置在东南角与周围环境关系更为贴切。同时场地原有几棵古树，虽树种不名贵，但建筑平面尽量采用庭院形式予以保留，保护生态环境应是建筑师的应有职责。

"功能"图书馆建设时期正处在我国高校图书馆从传统闭架阅览管理模式过渡到现代开架管理模式时期，结合该校图书馆现有管理水平，保留一定规模书库为宜，但必须考虑其今后发展变化，为此，书库位置及空间高度应为将来读者进入书库创造条件。

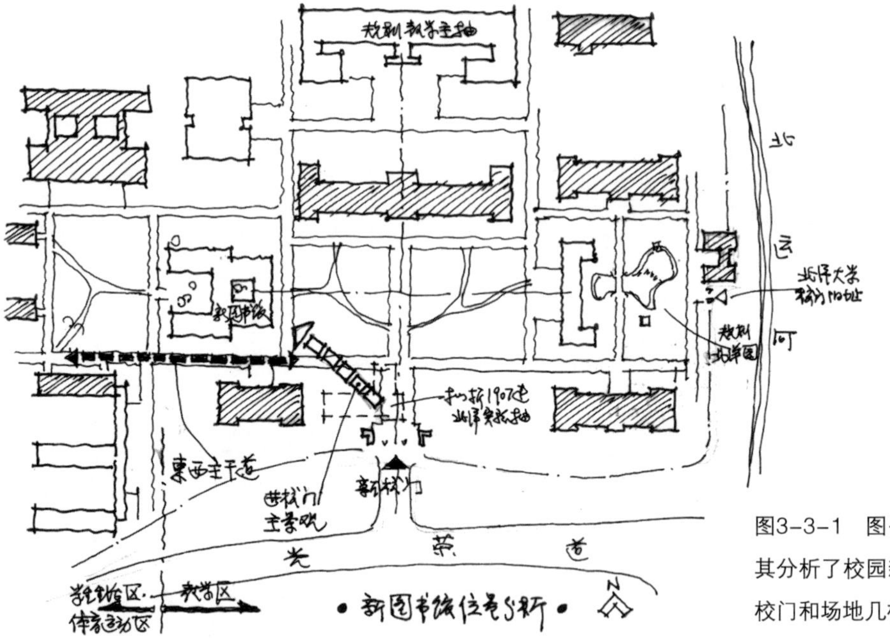

图3-3-1　图书馆拟建地段位置图，其分析了校园新轴线、人流、广场、校门和场地几棵树木的关系等。

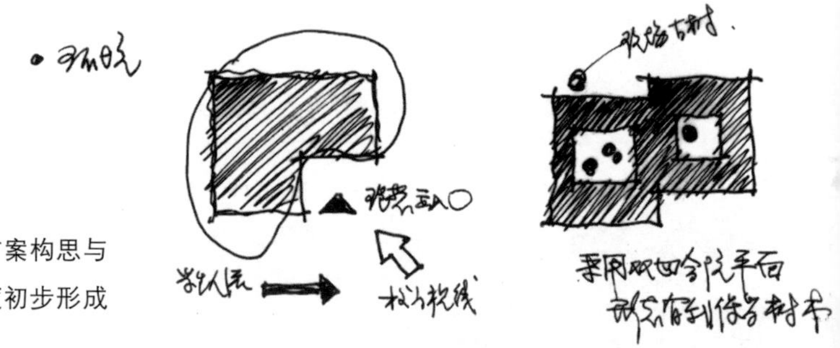

图3-3-2　图书馆建筑方案构思与设计原创阶段从环境角度初步形成原创图形的推敲草图。

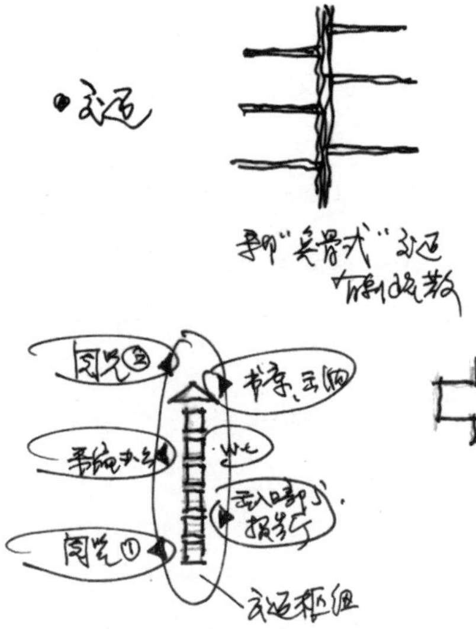

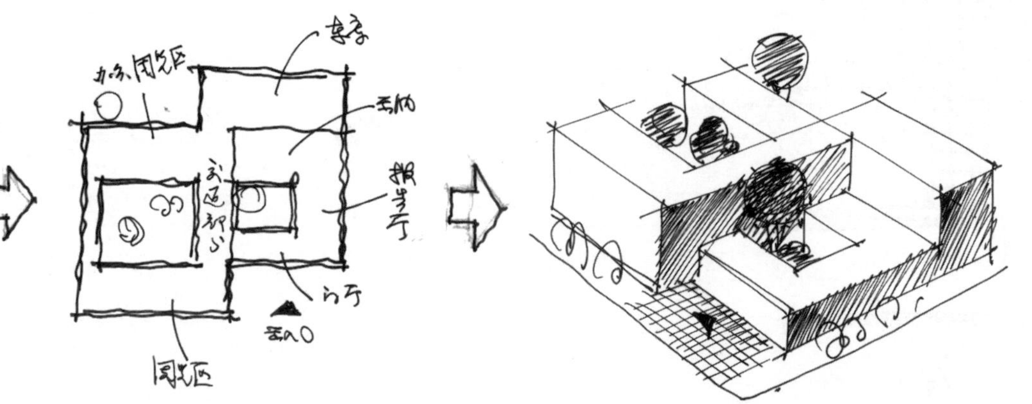

图3-3-3　图书馆建筑方案构思与设计原创阶段从交通和功能角度考虑建筑平面和空间组合形成建筑方案雏形的推敲过程设计草图。

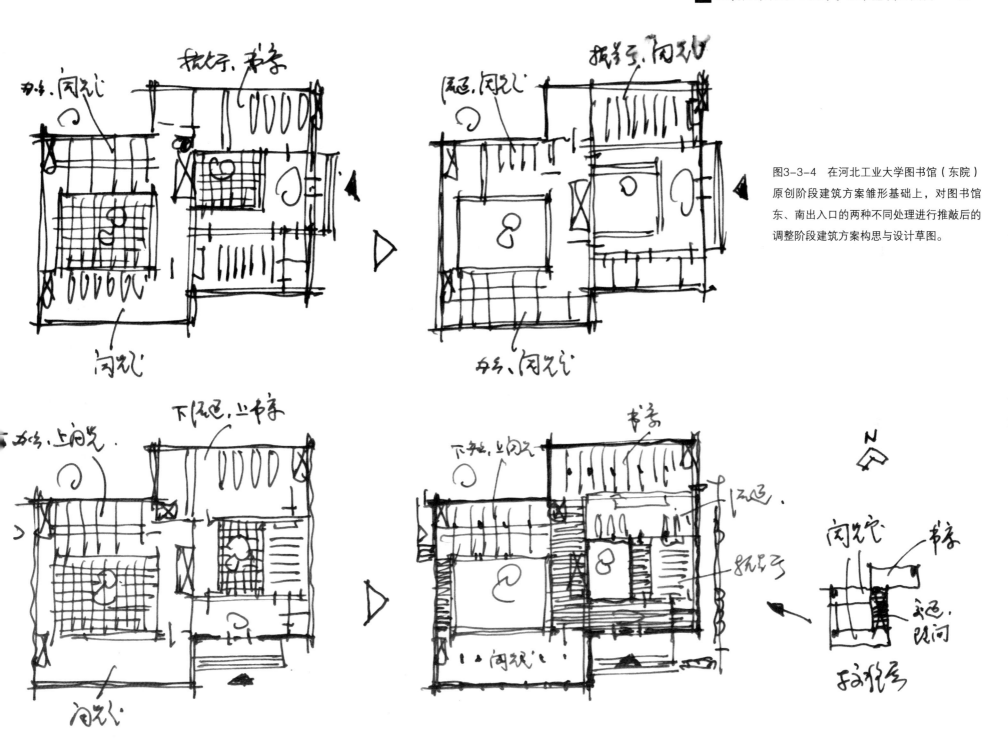

图3-3-4　在河北工业大学图书馆（东院）原创阶段建筑方案雏形基础上，对图书馆东、南出入口的两种不同处理进行推敲后的调整阶段建筑方案构思与设计草图。

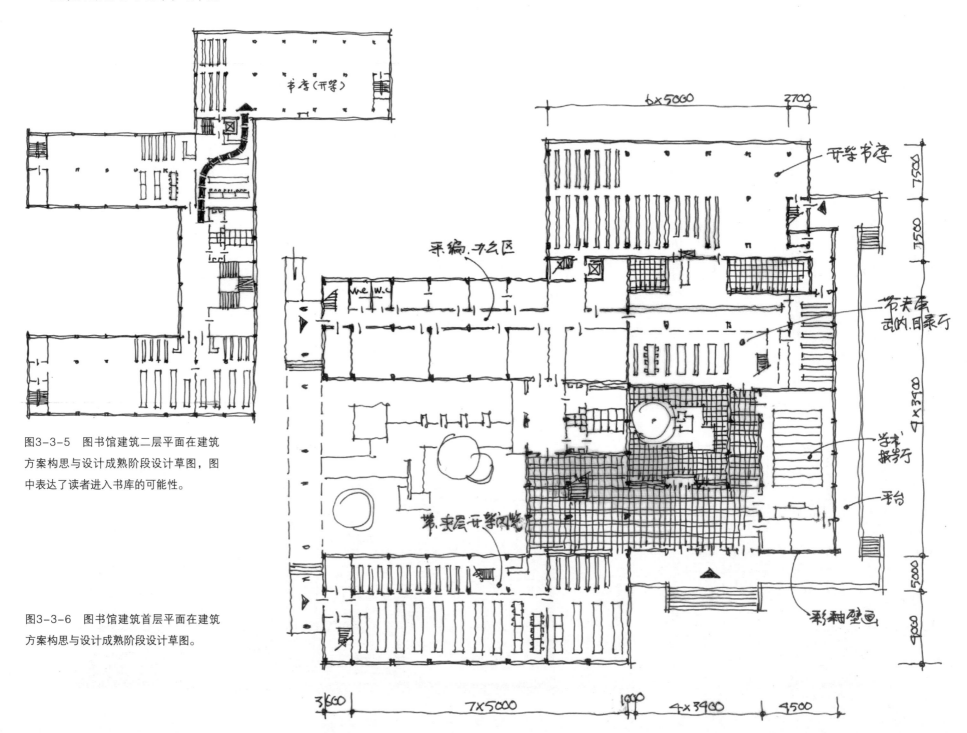

图3-3-5　图书馆建筑二层平面在建筑
方案构思与设计成熟阶段设计草图，图
中表达了读者进入书库的可能性。

图3-3-6　图书馆建筑首层平面在建筑
方案构思与设计成熟阶段设计草图。

图3-3-7　图书馆建筑南立面调整阶段设计草图。

图3-3-8　图书馆建筑东立面调整阶段设计草图。

图3-3-11　图书馆综合阅览室通向夹层书库轻型楼梯构思在成
熟阶段的设计草图。

图3-3-9　图书馆借阅室建筑内部空间在建筑方案构思与
设计调整阶段设计草图。

图3-3-10　图书馆综合阅览室推敲阅览及开架书库建筑空
间在建筑方案构思与设计调整阶段草图。

图3-3-12　图书馆建筑方案构思与设计成熟阶段东南方位建筑透视设计草图。

3-4 承德医学院图书馆

项目简介：图书馆规模为小型图书馆，建设地段位于原山地校园，场地狭小，相邻东西方向台地高差均有4～5米。同时场地还应保留来自教学区几股人流路线。校方要求图书馆以开架阅览为主，适当保留部分书库。当地规划部门要求图书馆建筑形式应与当地环境协调。

构思主题："建筑创作之本——环境·功能"系列之二

"环境"从建设场地形状和保留几股人流路线角度考虑，图书馆采用集中式矩形建筑平面为宜，并采用与西侧教学楼垂直布置形成半围合广场、利用山地高差形成立体交通系统、学术报告厅与主体建筑脱开而形成出入通道等处理手法，保证了几股不同方向人流顺利通过。图书馆位于校区主山脊端部，为了与北侧相邻山脊已有传统建筑形式的宾馆相呼应，图书馆采用有特色的建筑顶部造型处理。

"功能"采用图书馆同一柱网、同一层高、同一荷载的"三同"处理手法，以满足图书馆开架阅览管理模式需要。同时图书馆交通枢纽设置在东西两侧，形成中部大空间，这对现代模式图书馆设计也是一次尝试。

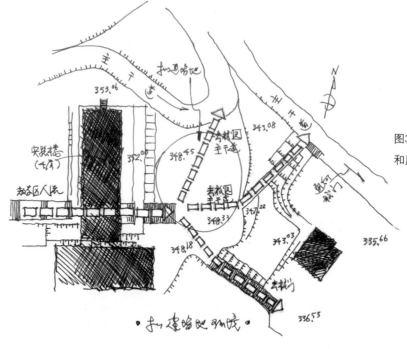

图3-4-1　新建图书馆场地建设条件和周围环境分析图。

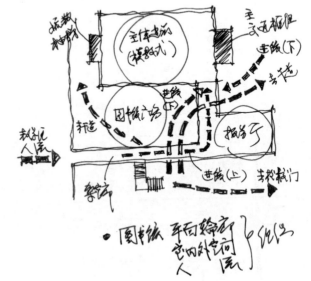

图3-4-3　在图书馆建筑方案构思与设计原创阶段建筑方案雏形基础上分析形成的建筑外部空间及人流路线情况的推敲设计草图。

图3-4-2　根据建设场地的环境和朝向，建筑方案构思与设计原创阶段初步形成最佳建筑平面形式和布置方位设计草图。

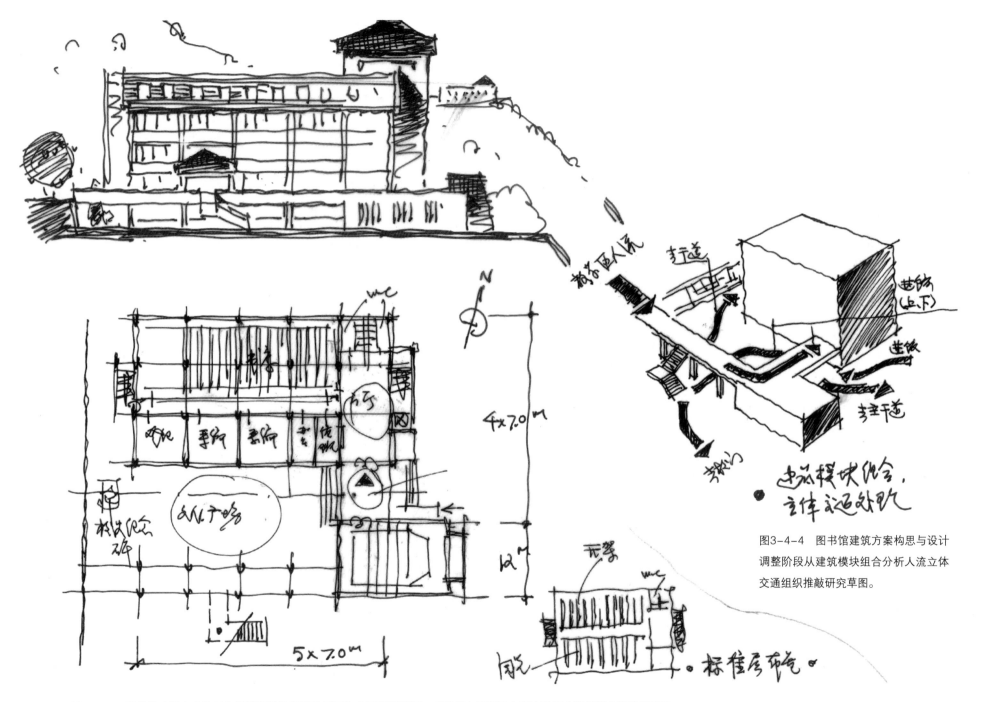

图3-4-4　图书馆建筑方案构思与设计调整阶段从建筑模块组合分析人流立体交通组织推敲研究草图。

图3-4-5　图书馆建筑方案构思与设计调整阶段建筑平面和立面设计草图，从建筑立面草图中表达了与北侧相邻山脊建筑关系。

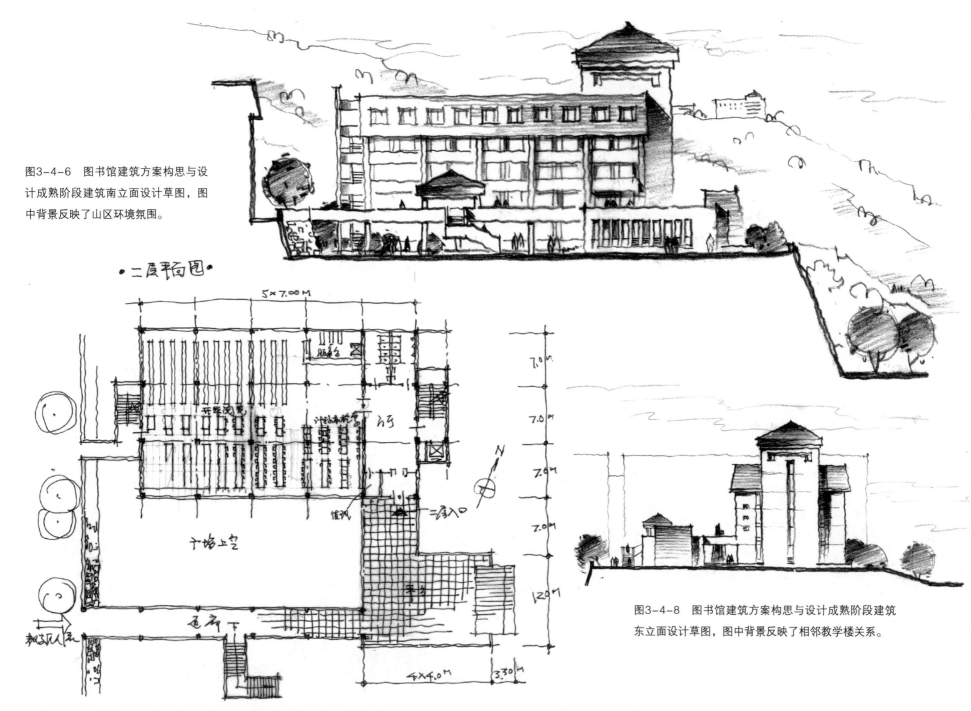

图3-4-6 图书馆建筑方案构思与设计成熟阶段建筑南立面设计草图，图中背景反映了山区环境氛围。

·二层平面图·

5×7.00M

开架阅览

7.0M

7.0M

7.0M

7.0M

值班

二层入口

N

中庭上空

120M

雨蓬下

教学人口

5×4.0M

3.30M

图3-4-8 图书馆建筑方案构思与设计成熟阶段建筑东立面设计草图，图中背景反映了相邻教学楼关系。

图3-4-7 图书馆建筑方案构思与设计成熟阶段建筑二层平面设计草图。

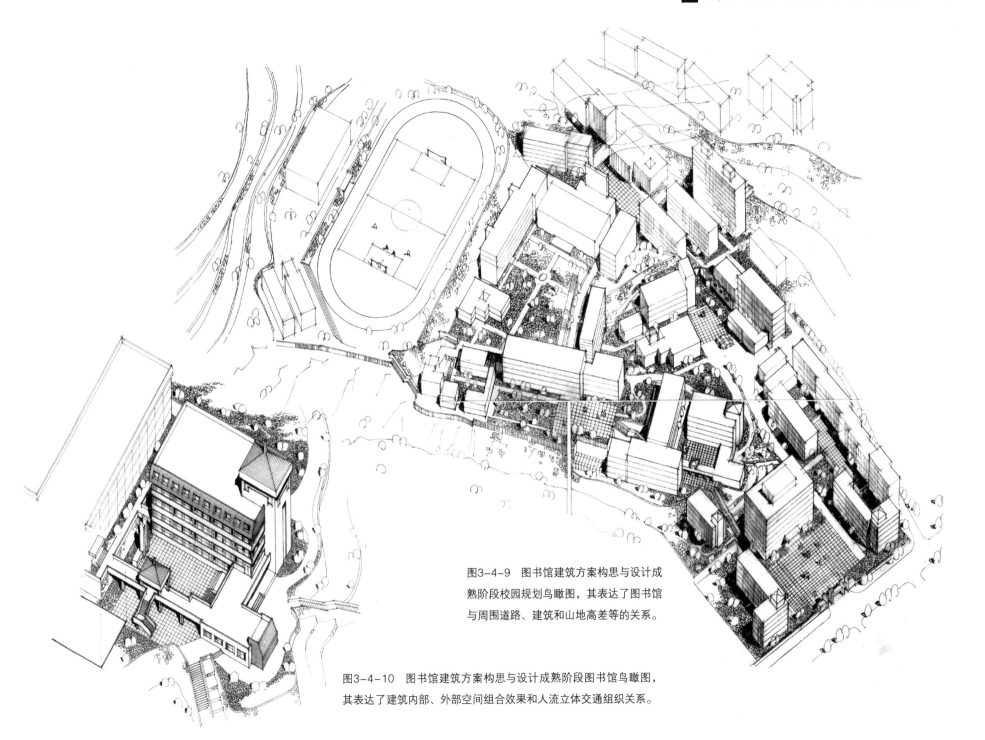

图3-4-9　图书馆建筑方案构思与设计成熟阶段校园规划鸟瞰图，其表达了图书馆与周围道路、建筑和山地高差等的关系。

图3-4-10　图书馆建筑方案构思与设计成熟阶段图书馆鸟瞰图，其表达了建筑内部、外部空间组合效果和人流立体交通组织关系。

3-5　河北大学图书馆（市内校区）

项目简介：新建图书馆位于老馆东侧，校方规划老馆保持传统闭架阅览室管理模式，新馆全部为开架阅览管理模式为主，两馆可相对保持独立，仅设置内部办公人员联系。新建图书馆坐落在联系南北校园主轴线的南校区新教学区主广场西侧。由于图书馆为新广场第一栋建筑，校方要求主体建筑尽量增加东立面宽度，以利围合广场。

构思主题："建筑创作之本——环境·功能"系列之三

"环境"作为南校区新广场第一栋建筑，增加面向广场建筑东立面宽度无疑与建筑朝向有矛盾，通过作者推敲形成原创建筑平面——双菱形主体建筑平面较理想地协调了两者关系。根据校方反映，老馆建筑内、外部处理均不甚理想，所以新老图书馆保持相对独立性更有利于新图书馆建筑创作。作者现场调研时参观了西南侧不规则平面布局的教学楼觉得很有新意，学校师生也很感兴趣，因此作者对新馆用了两个正方形扭转45度组合平面，也算是对环境的一种对话。

"功能"新馆主体建筑运用了"三同"设计手法，更好地满足了校方关于全开架阅览管理模式及使用功能要求。主体建筑是采用了规则的双菱形建筑平面，但图书馆建筑使用空间还是基本的正方型，不影响书架、阅览桌椅的布置。二层裙房设置不仅满足大空间使用要求，同时也成为双菱形平面主体建筑与周围原有建筑环境、布局和道路肌理之间的缓冲带。

图3-5-3　图书馆建筑方案构思与设计原创图形、方案雏形的形成和发展过程设计草图。

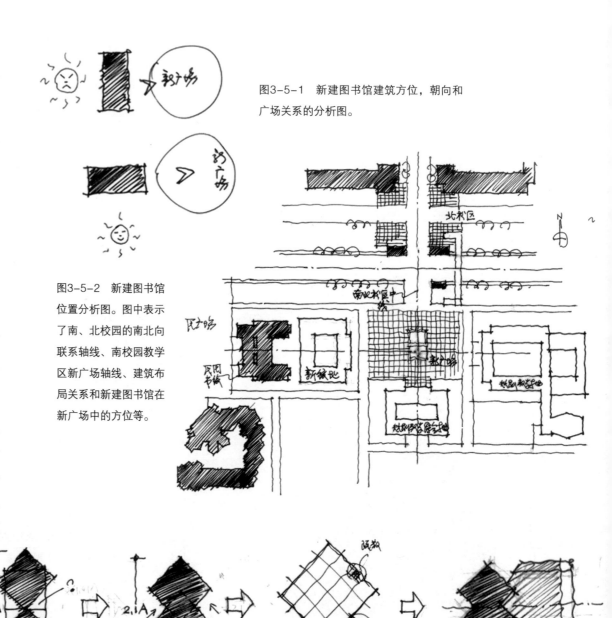

图3-5-1　新建图书馆建筑方位，朝向和广场关系的分析图。

图3-5-2　新建图书馆位置分析图。图中表示了南、北校园的南北向联系轴线、南校园教学区新广场轴线、建筑布局关系和新建图书馆在新广场中的方位等。

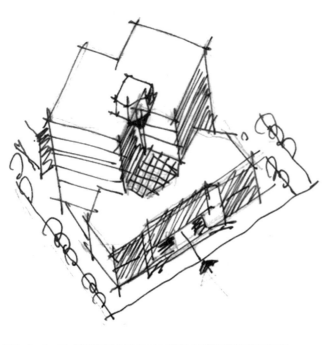

图3-5-4　图书馆建筑方案构思与设计调整阶段建筑平面关系、建筑立面、建筑体块组合推敲设计草图。

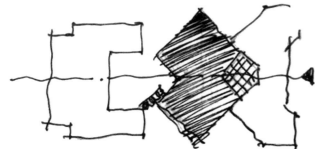

图3-5-5　新建图书馆与老馆的关系推敲设计草图。

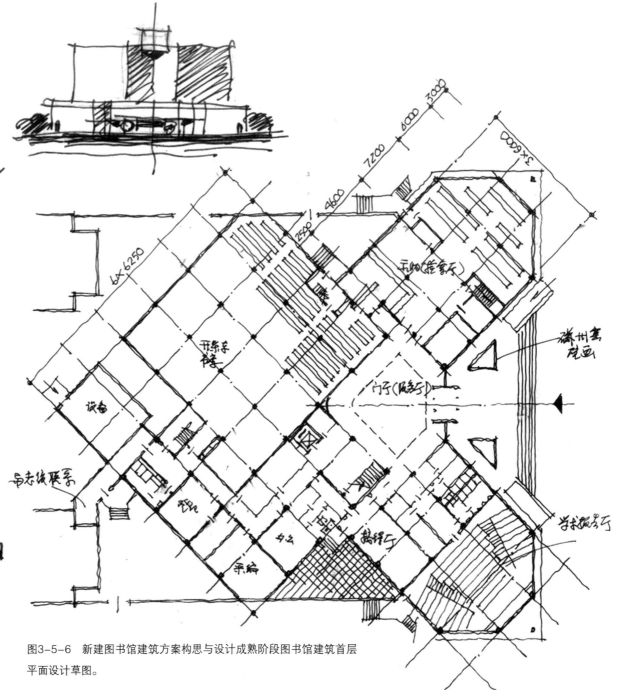

图3-5-6　新建图书馆建筑方案构思与设计成熟阶段图书馆建筑首层平面设计草图。

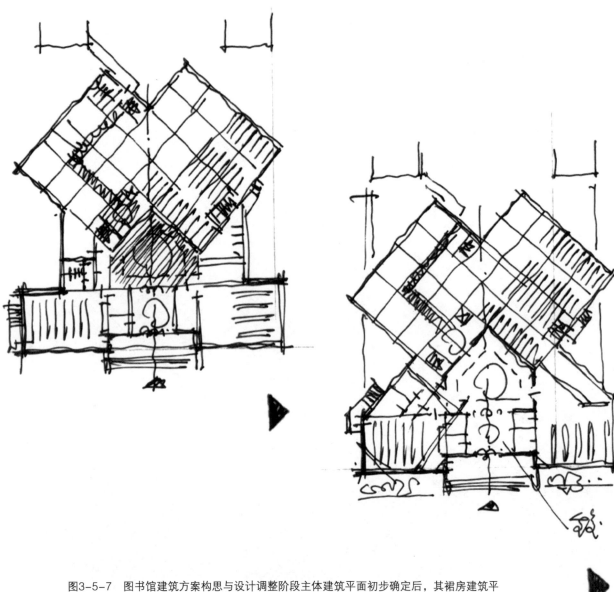

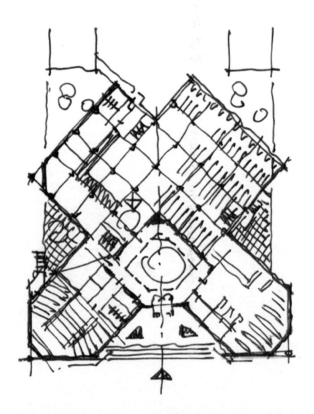

图3-5-7　图书馆建筑方案构思与设计调整阶段主体建筑平面初步确定后，其裙房建筑平面进行推销和深入过程的构思与设计草图。最后确定的裙房平面形态与主体建筑平面、周围广场、道路、建筑等关系处理比较协调和理想。

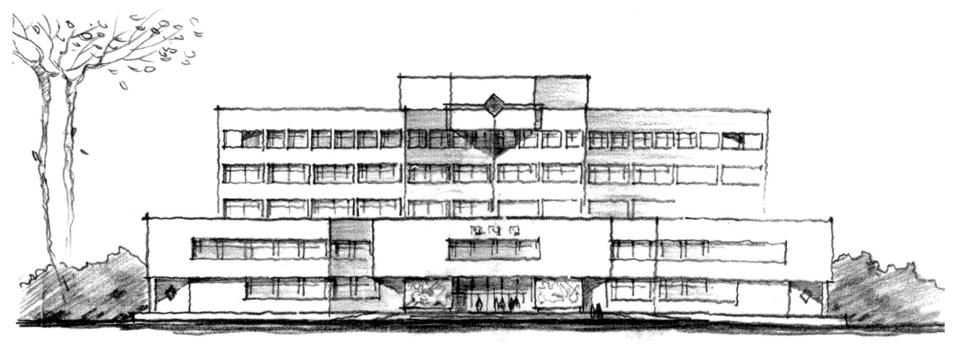

图3-5-8　建筑方案构思与设计成熟阶段图书馆建筑东立面设计草图。

图3-5-9　建筑方案构思与设计成熟阶段图书馆建筑标准层平面设计草图。

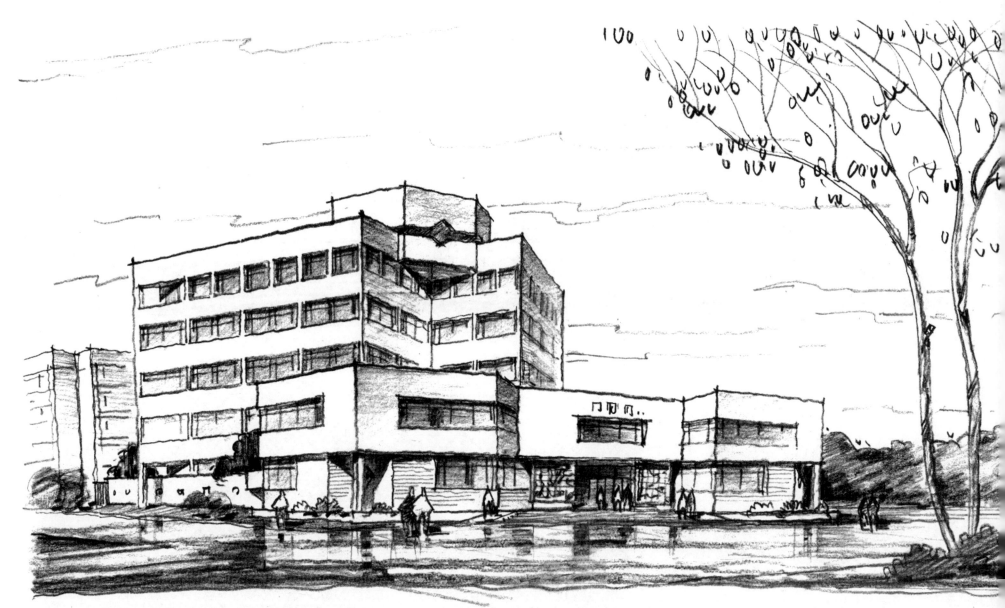

图3-5-10   建筑方案构思与设计成熟阶段图书馆建筑透视设计草图。

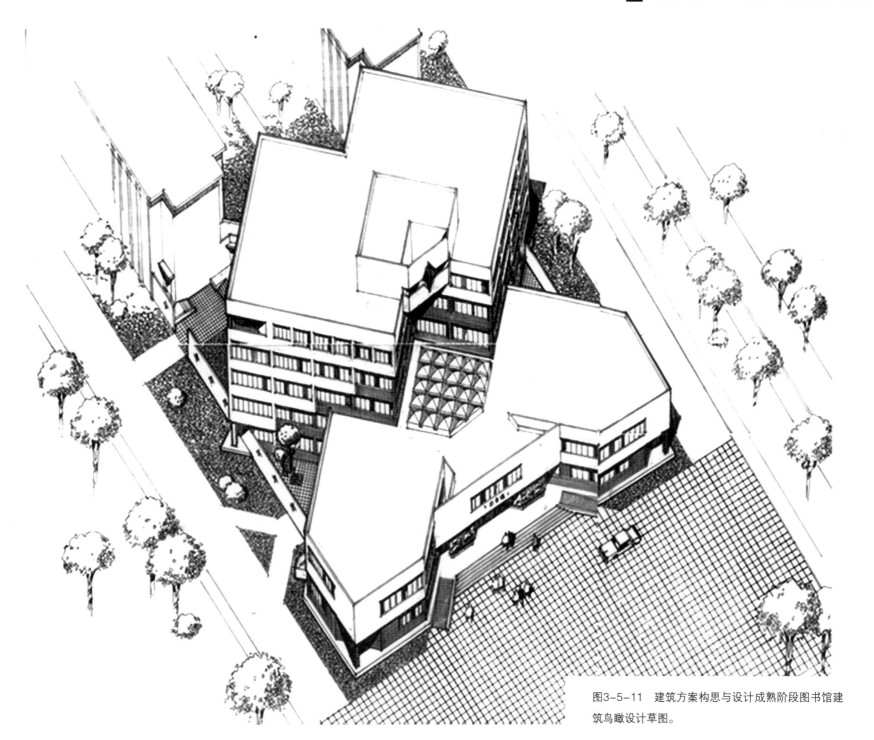

图3-5-11 建筑方案构思与设计成熟阶段图书馆建筑鸟瞰设计草图。

3-6 河北某开发区综合服务大厦

项目简介：综合服务大厦坐落在河北某沿海城市经济开发区，南向（偏东）距海岸线约1000米，北侧为住宅区，南临连接市区的主要干道，交通方便。大厦建成后给外来人员提供办公、住宿、餐饮、商务等服务，为开发区扩大引资发挥作用。建设单位从基地和景观考虑，要求建筑主体部分为高层建筑，其中50%以上的房间能面向海岸。当地建设部门提出建筑应尽量压缩东西向宽度，减少北侧居民观海视线遮挡影响。

构思主题："建筑于环境中"

通过解读大厦拟建地段周围环境特征、建设单位和建管部门要求等因素，启发作者在推敲建筑方案主体部分平面时，采用从扭转45度正方形建筑平面到为满足与环境对话和大厦获得最佳环境的设计途径，同时从中悟出建筑要融合在环境中才有生命力，建筑不要太张扬而破坏环境，要做个"好邻居"，构思主题——"建筑于环境中"的设计理念也得以充分体现。关于大厦主体建筑形态与周围建筑和道路有机协调的关系，则是通过二层建筑裙房形态与其呼应。

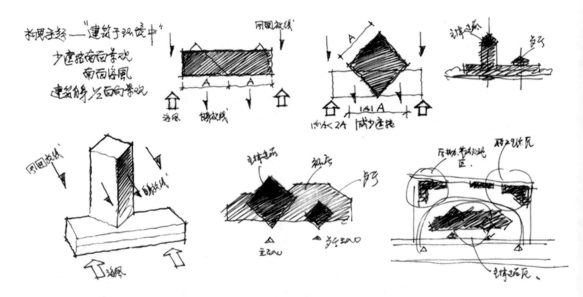

图3-6-1 在构思主题"建筑于环境中"的基础上，通过对大厦周围环境分析后，初步得到扭转45度正方形方案构思原创图形，并对总图布局、建筑平面、建筑造型等进行推敲设计草图。

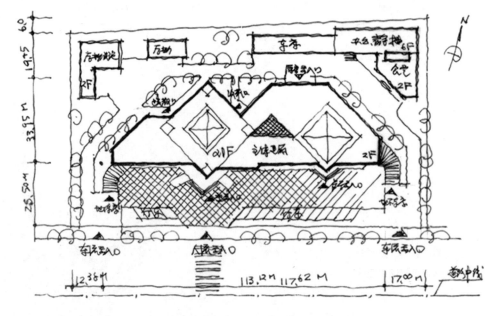

图3-6-2 大厦建筑方案构思与设计调整阶段对总图布局和建筑造型等进行推敲设计草图。

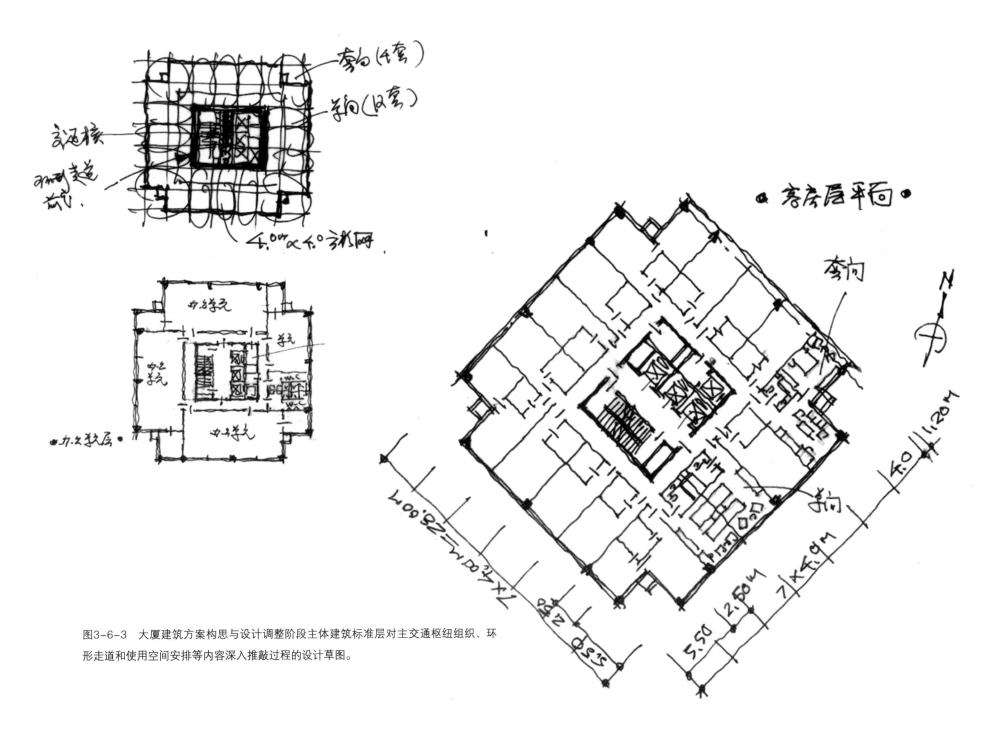

图3-6-3　大厦建筑方案构思与设计调整阶段主体建筑标准层对主交通枢纽组织、环形走道和使用空间安排等内容深入推敲过程的设计草图。

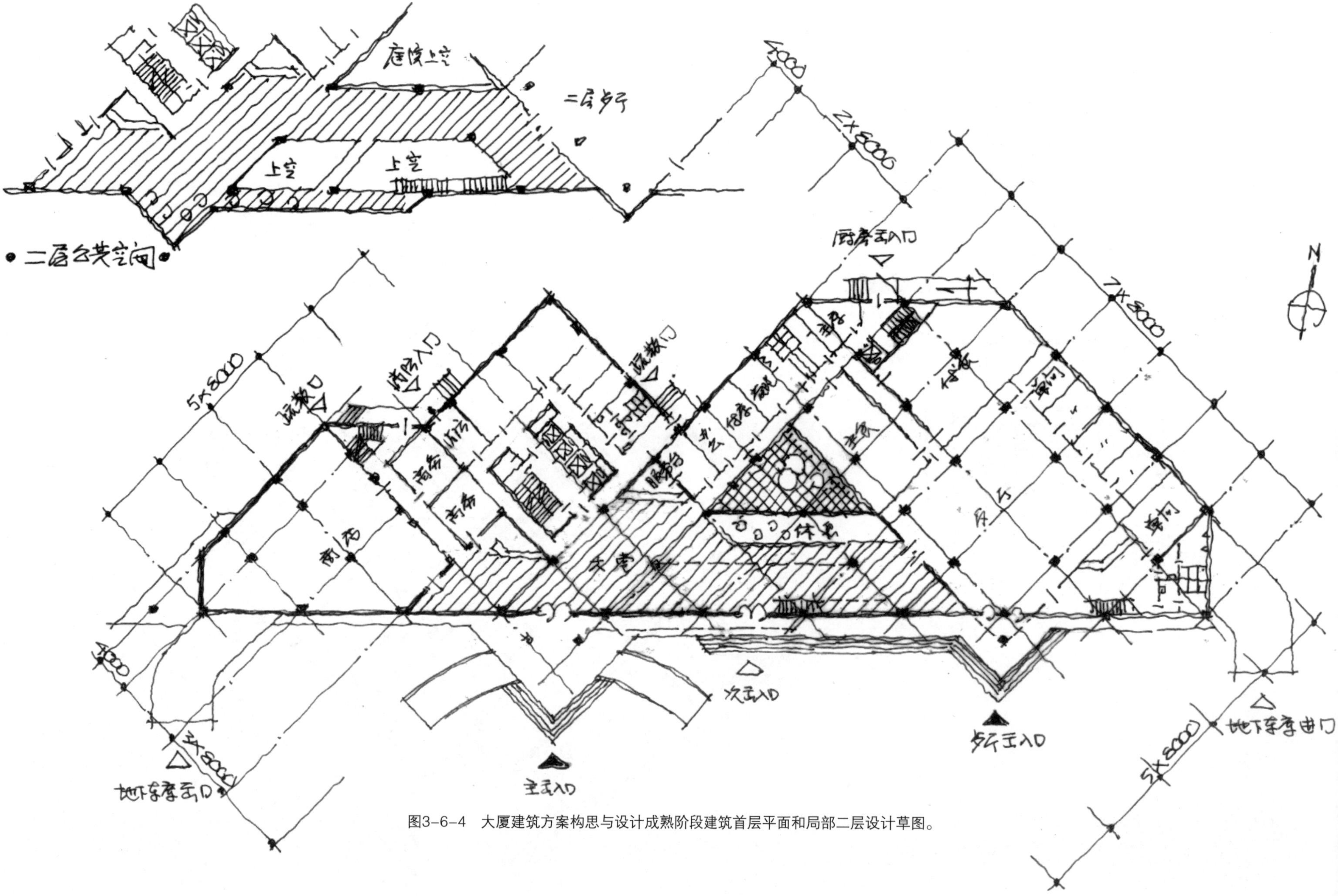

图3-6-4 大厦建筑方案构思与设计成熟阶段建筑首层平面和局部二层设计草图。

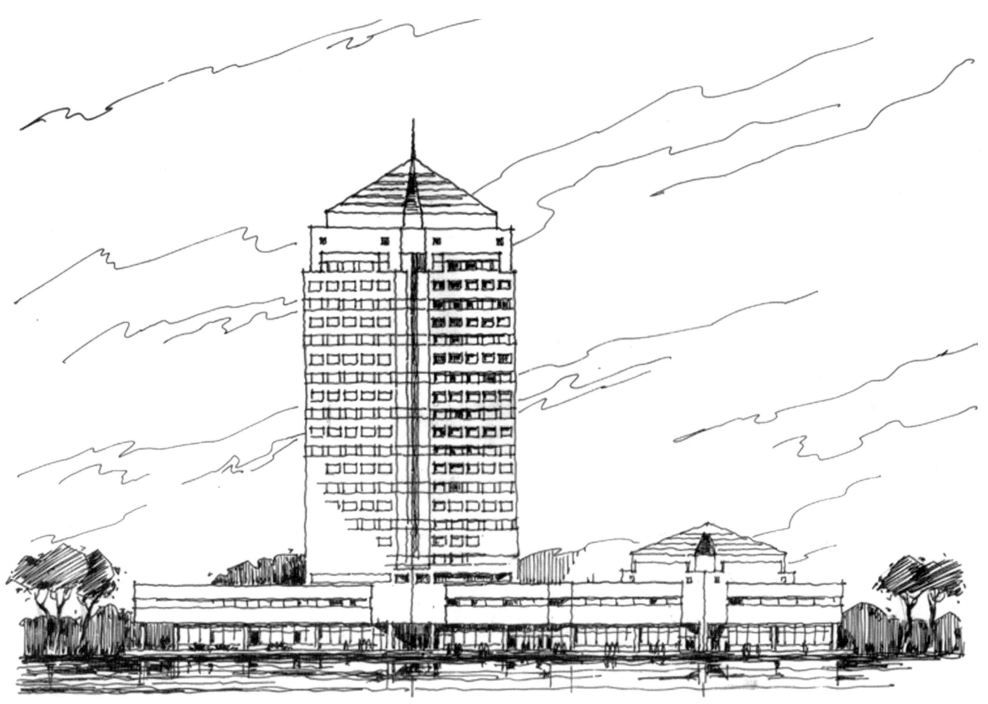

图3-6-5　大厦建筑方案构思与设计成熟阶段建筑南立面设计草图。

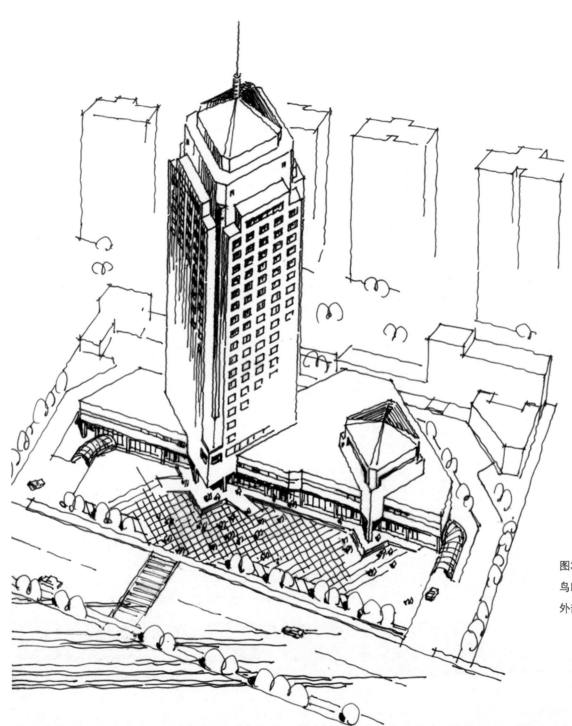

图3-6-6 大厦建筑方案构思与设计成熟阶段从
鸟瞰角度推敲建筑布局与环境关系、建筑造型和
外部空间效果设计草图。

3-7　天津某集团综合大厦

项目简介：综合大厦地段位于城市中心，北临城市主要干道，周围分布建筑有市政府接待区、外资宾馆、会展中心、博物馆、商业餐饮、高层住宅等，地理位置较为敏感。集团高层热衷西方古典建筑，刻意追求"原汁原味"的西方古典建筑风格，虽然作者苦口婆心地引导，但也无济于事。综合大厦规模较大，涉及问题繁多，下面仅介绍主体建筑北侧围合的广场方案构思和形成过程。

构思主题："围"还是"敞"——形式与功能的碰撞

"形式"。建筑柱廊是经典的西方古典建筑精华，广场采用柱廊来围合，能更好地体现西方古典建筑风格，同时也能增加广场和建筑空间层次，更具古典空间韵味。

"功能"。从主体建筑与城市关系分析，广场北侧采用柱廊围合有利于避免城市道路噪声和视线干扰。但进出频繁的汽车必须通过双排柱廊，从运行和安全均为不利。通过建筑方案不断深入推敲，最终在各有关部门讨论时，城市交管部门认为双排柱廊将严重影响交通运行功能。最后确定广场采用"敞"的形式。

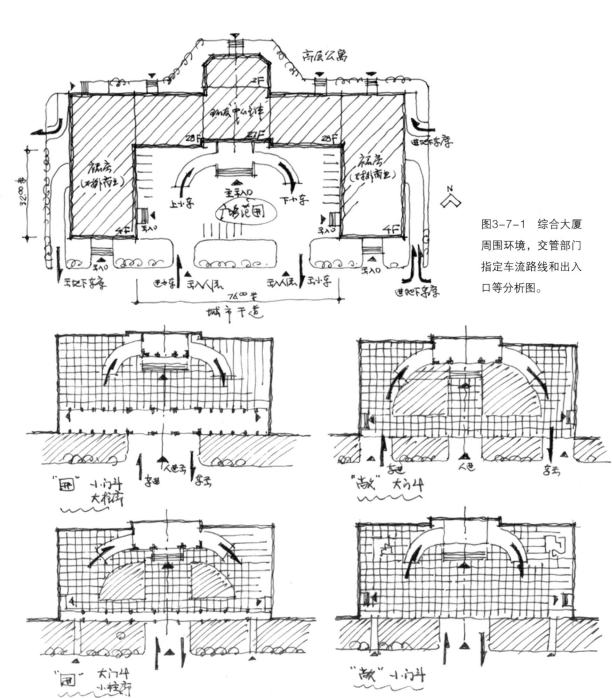

图3-7-1　综合大厦周围环境，交管部门指定车流路线和出入口等分析图。

图3-7-2　综合大厦广场通过"围"和"敞"两种构思内容进行了四种不同广场布置方案草图。

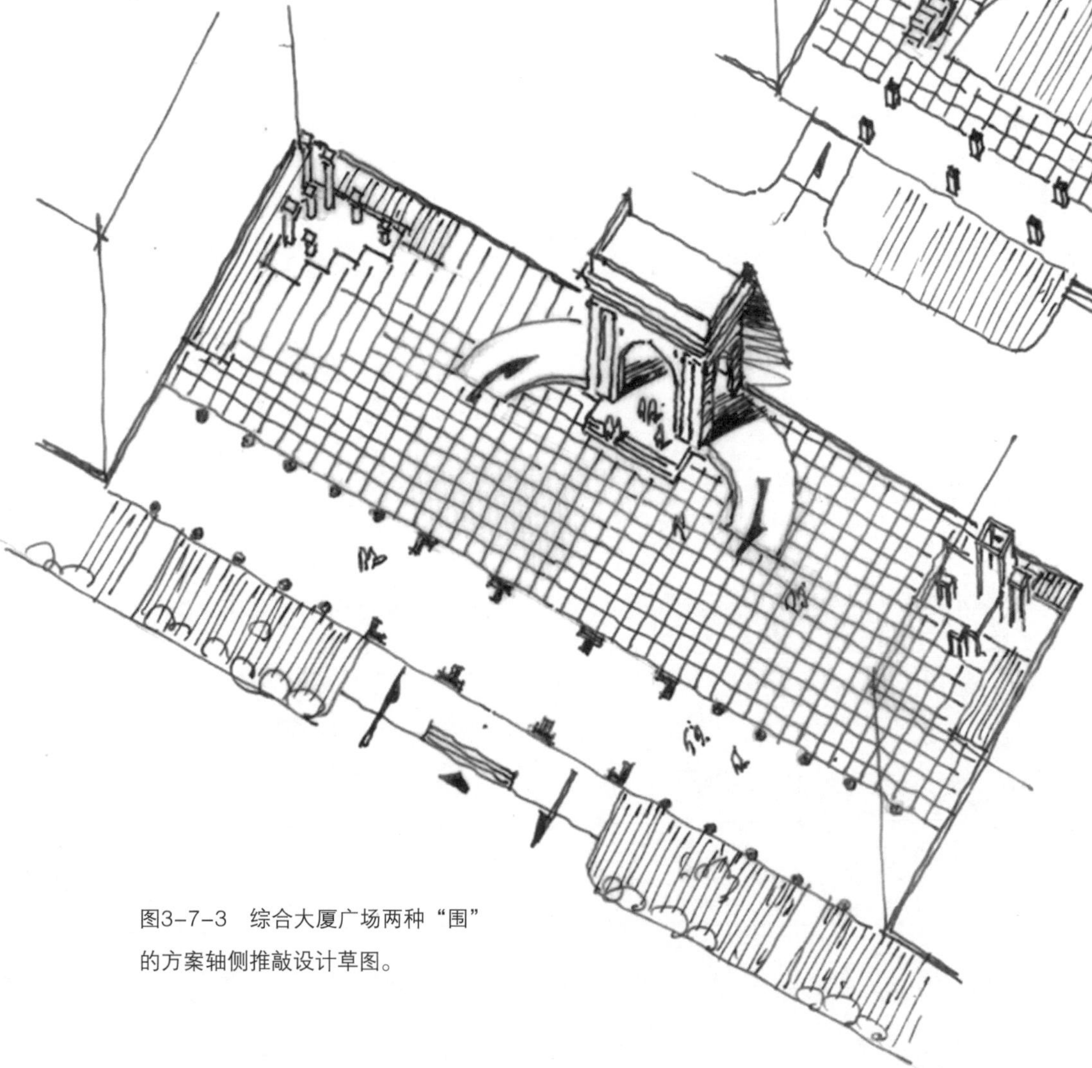

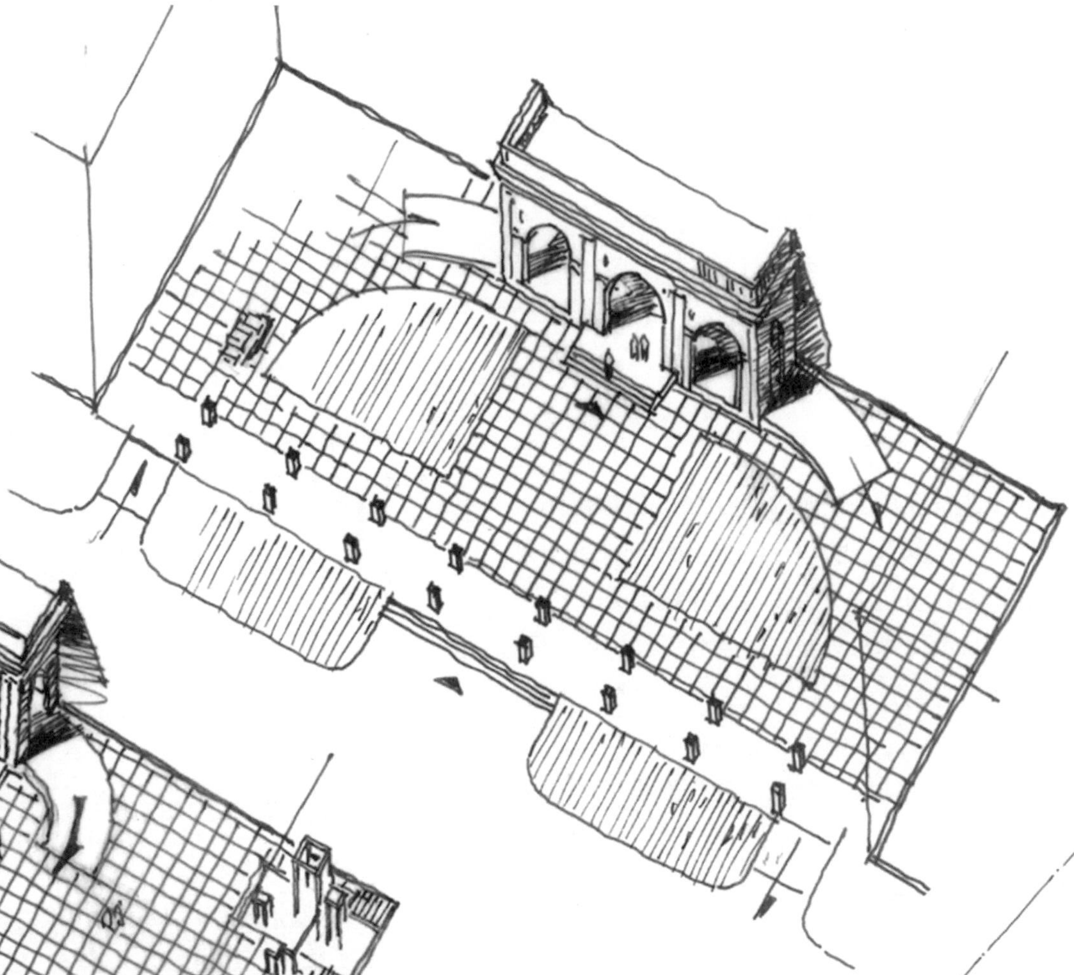

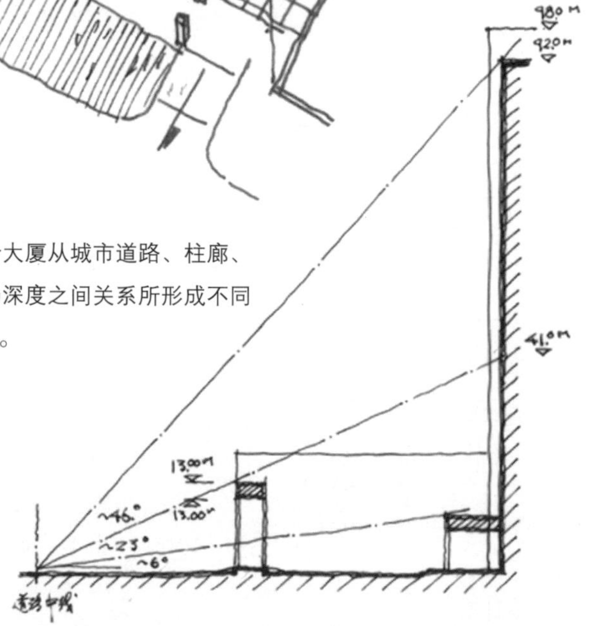

图3-7-3 综合大厦广场两种"围"的方案轴侧推敲设计草图。

图3-7-4 综合大厦从城市道路、柱廊、主体建筑、广场深度之间关系所形成不同角度的分析草图。

图3-7-6　综合大厦进行方案构思与设计调整阶段对两种
主体建筑出入口门廊方案调整推敲研究的透视草图。

图3-7-5　综合大厦总体建筑出入口门廊尺度和细部处理
推敲设计草图。

图3-7-7   综合大厦建筑方案构思与设计成熟阶段，广场采用"敞"的处理建筑方案，建筑沿街北立面设计草图。

3-8　河北张北小学

项目简介：张北小学位于张北县城东北处，建设场地呈矩形，南北长208米，东西长160米，南临县城主要干道师范路，东侧和北侧设有县城规划次要道路，当地规划部门要求学校校门设在东侧。学校规模为每年级6个班，共36个班，校方要求按河北省有关中小学校园建筑标准和面积定额进行设计。

构思主题："创造地域性防风校园"

张北小学地处张家口坝上，海拔1398米，属严寒地区。作者在冬季进行张北学校调研时，观察到下课时学生弯着腰顶着风艰难地跑向室外厕所的景象，从而引发要为张北孩子创造一个能打破当地固有校园行列式布局模式，采用适合当地气候条件，具有地域特色的"防风校园"。

地域性防风校园内容包括：

其一，建筑平面布局能塑造在冬季进行户外活动的避风广场空间。

其二，教室楼每层卫生间和开水间集中布置，有利管理、卫生和学生使用。

其三，教师与各功能分区联系做到"冬不出门"。

其四，塑造有特色的小学校门造型——来自建筑平面布局。

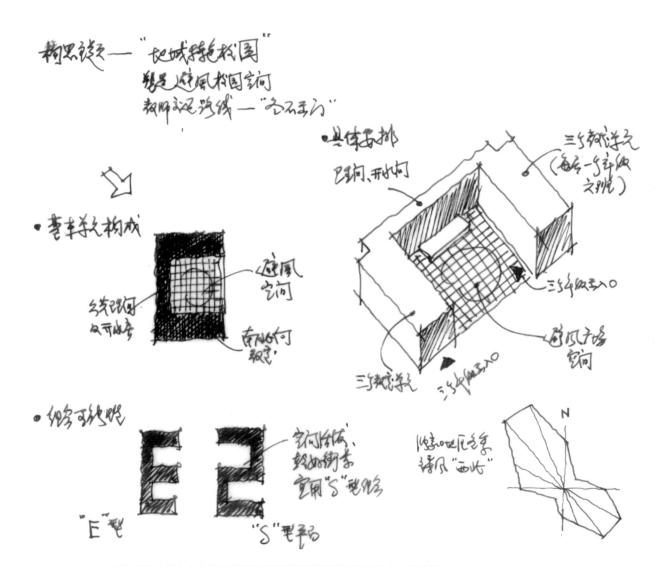

图3-8-1　张北小学建筑方案构思以创造地域特征的防风校园为出发点，推敲具体内容、风向影响、原创图形形成和使用功能安排等研究过程设计草图。

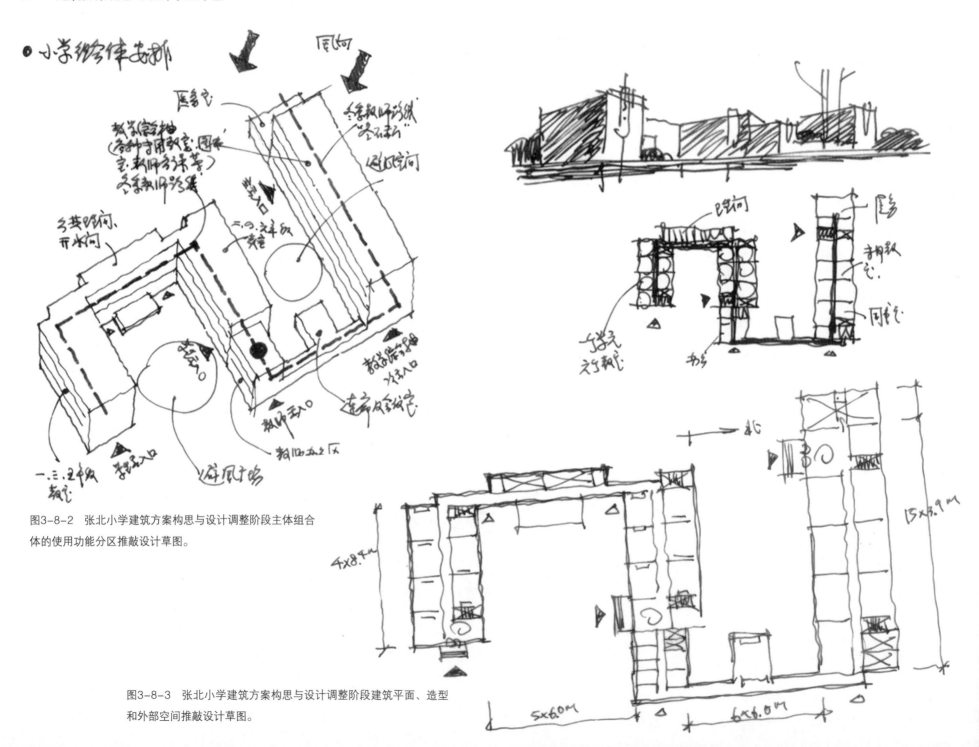

图3-8-2　张北小学建筑方案构思与设计调整阶段主体组合
体的使用功能分区推敲设计草图。

图3-8-3　张北小学建筑方案构思与设计调整阶段建筑平面、造型
和外部空间推敲设计草图。

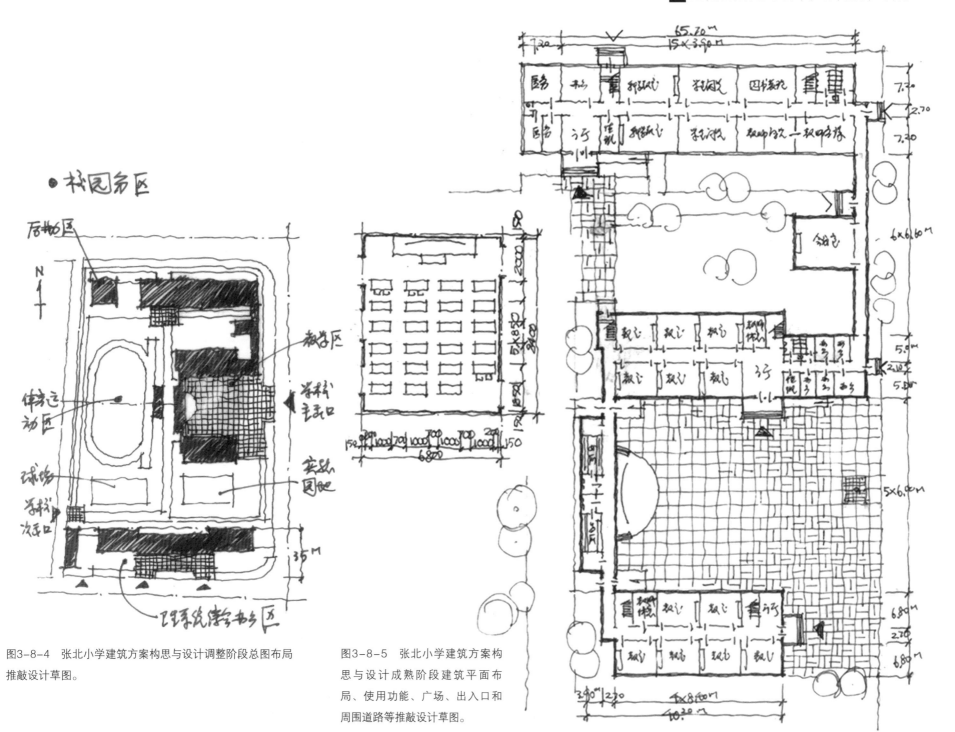

图3-8-4　张北小学建筑方案构思与设计调整阶段总图布局
推敲设计草图。

图3-8-5　张北小学建筑方案构
思与设计成熟阶段建筑平面布
局、使用功能、广场、出入口和
周围道路等推敲设计草图。

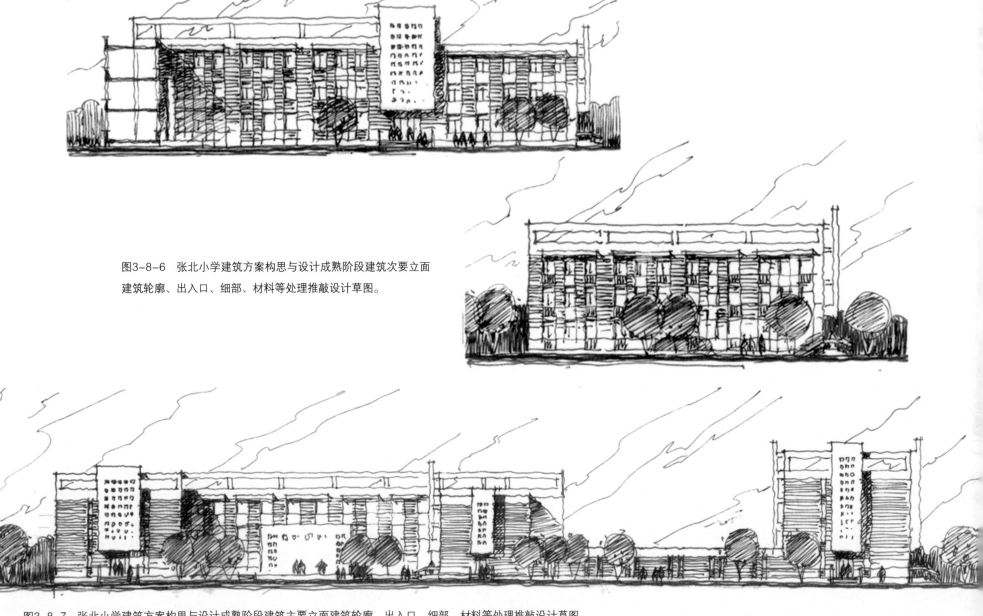

图3-8-6　张北小学建筑方案构思与设计成熟阶段建筑次要立面
建筑轮廓、出入口、细部、材料等处理推敲设计草图。

图3-8-7　张北小学建筑方案构思与设计成熟阶段建筑主要立面建筑轮廓、出入口、细部、材料等处理推敲设计草图。

图3-8-8　张北小学建筑方案构思与设计成熟阶段建筑造型、细部处理及外部空间等推敲设计草图。

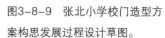

图3-8-9 张北小学校门造型方案构思发展过程设计草图。

图3-8-10 张北小学校门建筑方案成熟阶段建筑透视草图。

3-9　天津市北辰区某中心地段规划及建筑设计

项目简介：某中心地段位于天津市外环线内西北部的北辰区北仓村，规划面积82.82公顷，中心地段呈北大南小不规则的三角形。东临老京津公路，西靠北运河，地段中部东西横跨高架路龙州道，该地区交通方便，地势复杂，位置重要。规划总建筑面积32万平方米，包括：区级行政办公楼（政府、区委、人大、政协）、体育及会展中心、商业、餐厅、宾馆、文化娱乐中心、民俗博物馆、旅游设施和住宅建筑等。规划部门和建筑设计任务书均要求具有地域性和时代性特征，成为天津迈向北京的门户、标志性建筑群和北辰区示范性住宅小区，将是北辰区21世纪经济和文化发展的象征和起点。

构思主题："地域文化和现代功能"

地域文化——中心地段位于北运河西岸，河岸线较长，古代为京杭漕运古道繁忙地段，南运皇粮靠近京城时暂时装卸在该地区的"南仓""北仓"粮库储存，待需要皇粮时再转运京城，成为漕运枢纽和皇粮重地，明清时形成天津北有名的"小商铺、大集镇"，蕴藏着深厚和丰富的漕运历史文化资源。天津市为全国历史名城和现代化城市，但旅游观光资源开发不够，其主要原因之一是对收集和挖掘天津地域历史文化力度不够。因此本中心地段规划和建筑设计中应突出地域性漕运文化，成为方案构思主题内容之一，其具体表现在规划内容及结构、北运河漕运景观带、建筑设计的内容层面和形式层面等。

现代功能——中心地段区域之间互相渗透和跨越，形成使用功能多样化、多元化的复合区域共同发展和繁荣是现代化城市的新趋势。本地段规划内容包括：办公、文化、商业、餐饮、宾馆、娱乐、旅游、博物馆、体育、会展和住宅等，这些建筑不再是简单罗列，各自独立，而是互相补充和渗透，并运用新的建筑与城市一体化的城市设计手法，从而发挥现代化城市整体、多元的共同生活模式优势。

区级办公建筑群是中心地段代表建筑，也是北辰区的标志建筑群。因此其建筑形式不仅要体现地域特征和现代风格，同时在办公建筑使用功能应在以人为本设计原则和引入生态观念基础上建设体现体制改革和民主进程，加强公仆和市民沟通渠道，建立区级领导定时与市民会晤机制，营造公仆和市民交流空间——时代特色的"市民广场"。

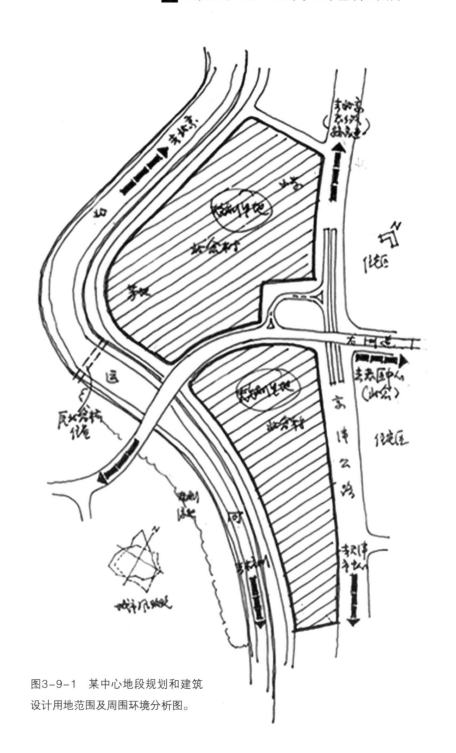

图3-9-1　某中心地段规划和建筑设计用地范围及周围环境分析图。

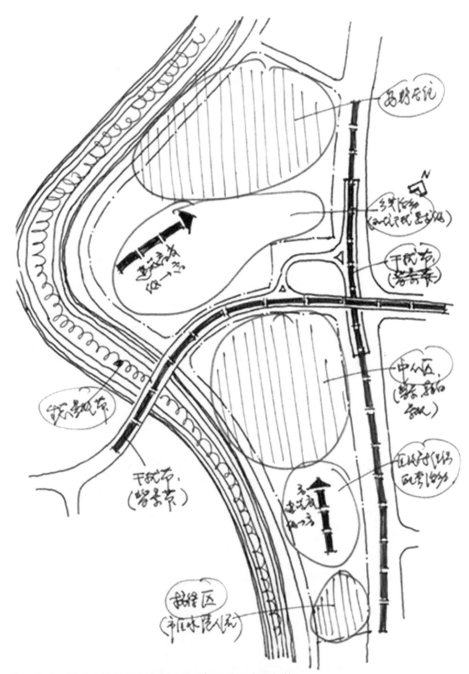

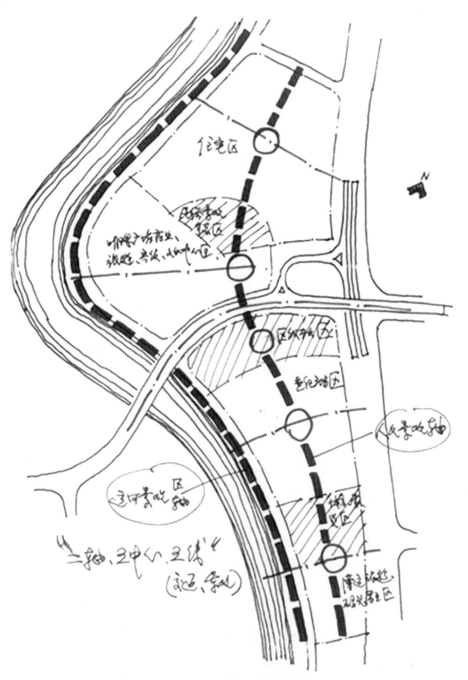

图3-9-2　某中心地段规划原创阶段根据场地要素分析基础上推敲功能分区和空间结构规划构思草图。

图3-9-3　某中心地段规划原创阶段根据场地要素分析基础上初步形成"二轴、五中心、五线"的规划结构模式的构思草图。

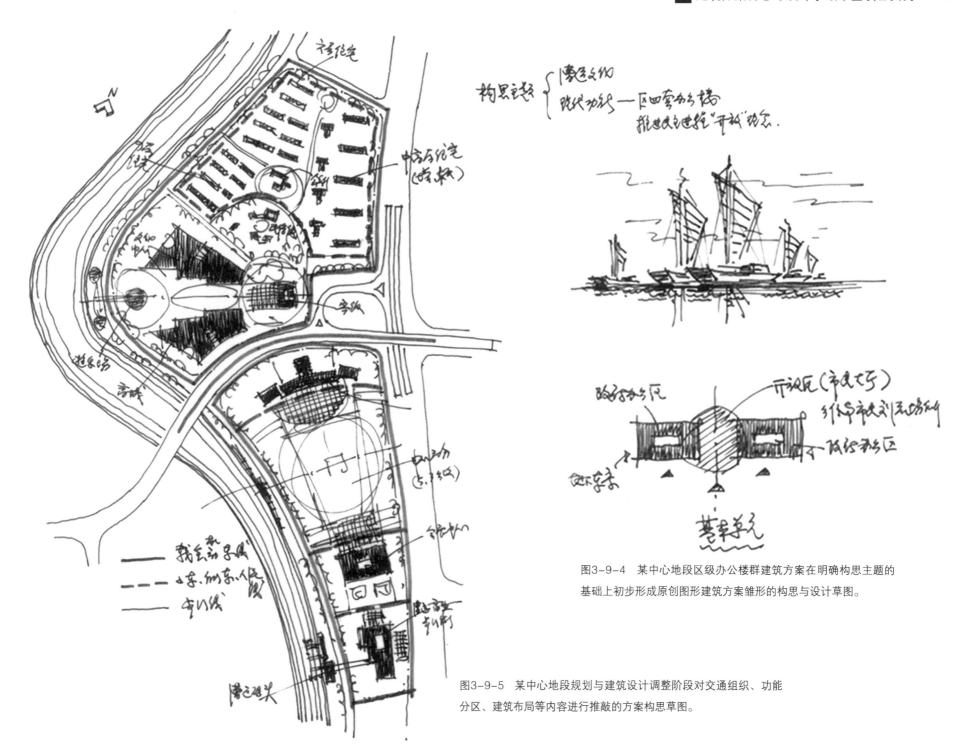

图3-9-4　某中心地段区级办公楼群建筑方案在明确构思主题的
基础上初步形成原创图形建筑方案雏形的构思与设计草图。

图3-9-5　某中心地段规划与建筑设计调整阶段对交通组织、功能
分区、建筑布局等内容进行推敲的方案构思草图。

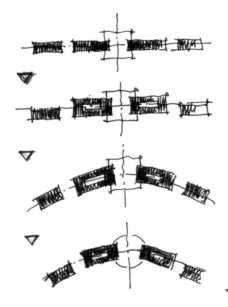

图3-9-6（a）　区级行政办公楼群建筑方案构思与设计在原创图形基础上对建筑平面组合深入推敲研究和发展过程的设计草图。

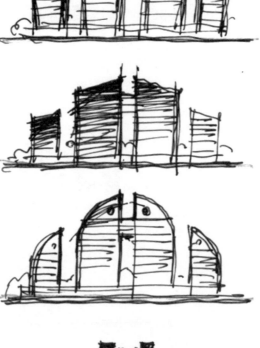

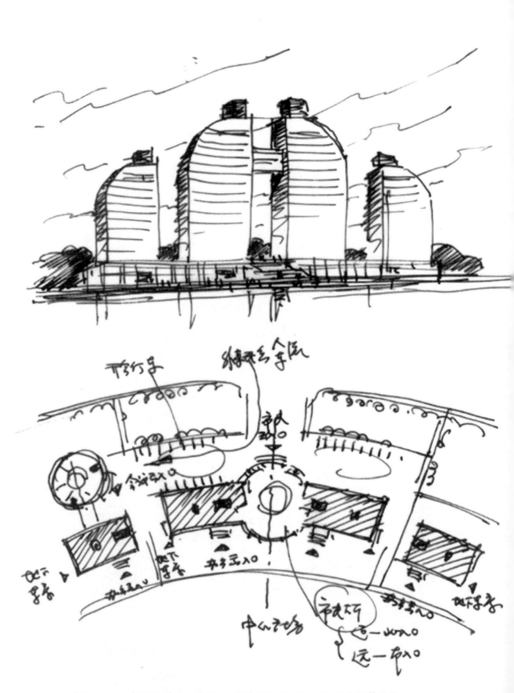

图3-9-6（b）　区级行政办公楼群建筑方案构思与设计在原创建筑造型基础上深入推敲研究和发展过程的设计草图。

图3-9-7　某中心地段区级办公楼群建筑方案构思与设计调整阶段对建筑平面组合和建筑整体造型进行推敲和深入的设计草图。

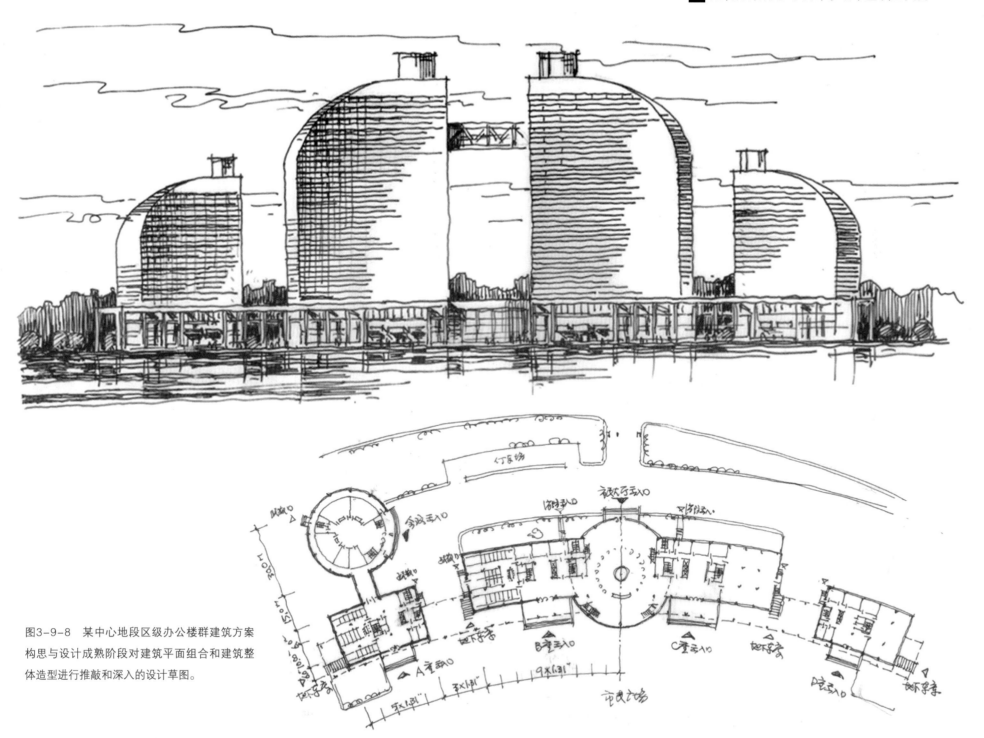

图3-9-8　某中心地段区级办公楼群建筑方案
构思与设计成熟阶段对建筑平面组合和建筑整
体造型进行推敲和深入的设计草图。

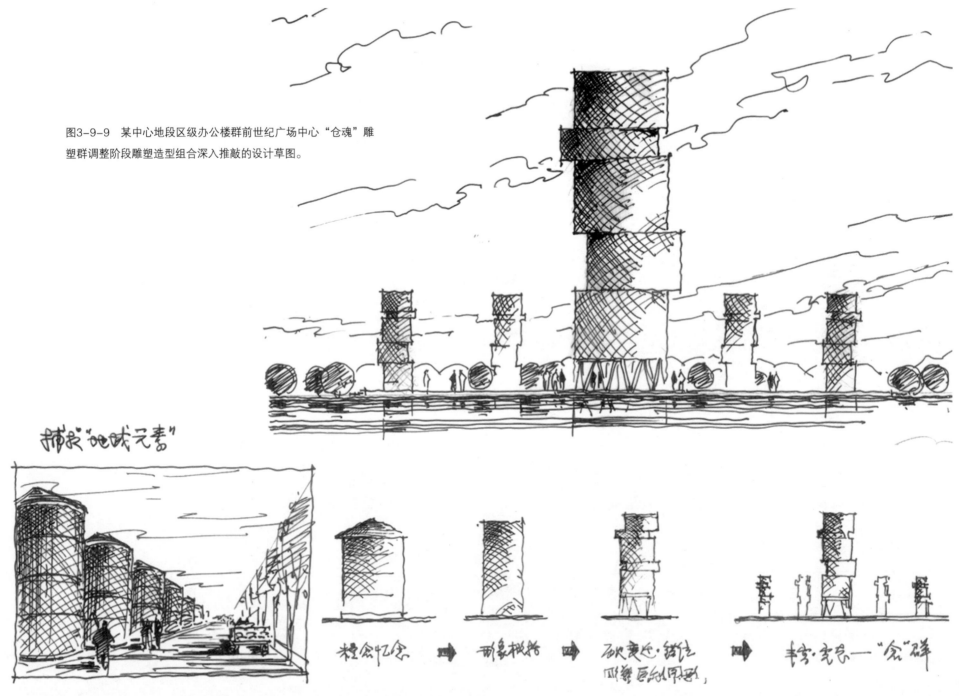

图3-9-9   某中心地段区级办公楼群前世纪广场中心"仓魂"雕塑群调整阶段雕塑造型组合深入推敲的设计草图。

图3-9-10   某中心地段区级办公楼群前世纪广场中心"仓魂"雕塑群原创阶段雕塑图形形成和推敲过程设计草图。

图3-9-11　某中心地段规划与建筑设计世纪广场西侧"帆廊"建筑造型深入推敲的设计草图。

图3-9-12　某中心地段规划与建筑设计世纪广场的
区级办公楼群、"仓魂"雕塑群和"帆廊"建筑等
调整阶段空间组合关系深入推敲的设计草图。

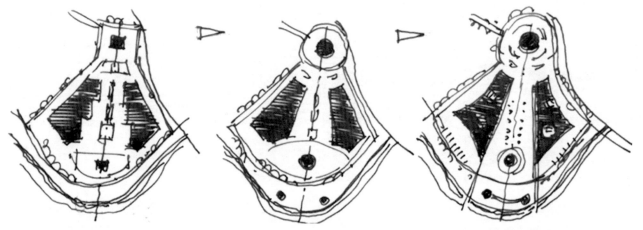

图3-9-13　明珠广场建筑群建筑方案从原创图形深入推敲
和发展过程的方案构思与设计草图。最后确定的建筑群平面
布局形态与建筑自身特征、周围道路、北运河岸等关系处理
比较协调和理想，也能较好地体现建筑方案构思主题的内容
和精神。

图3-9-14　某中心地段世纪广场的区级办公楼群、"仓魂"雕塑群和"帆廊"建筑等成熟阶段研究空间组合关系和深入推敲的设计草图。

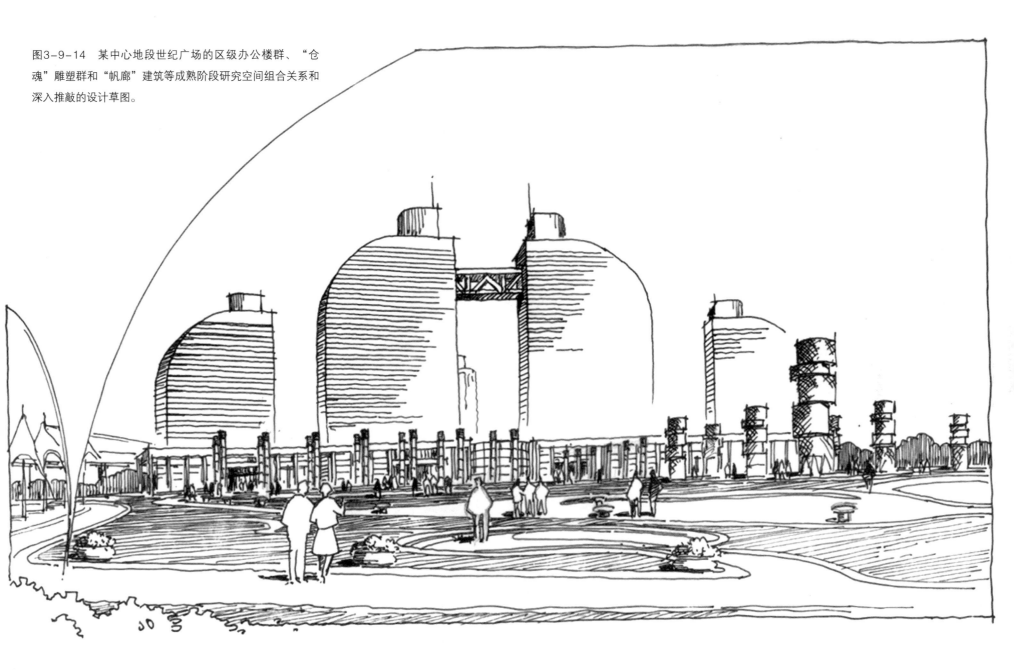

图3-9-15 某中心地段明珠广场西侧明珠游乐中心建筑造型调整阶段深入推敲构思与研究的草图。

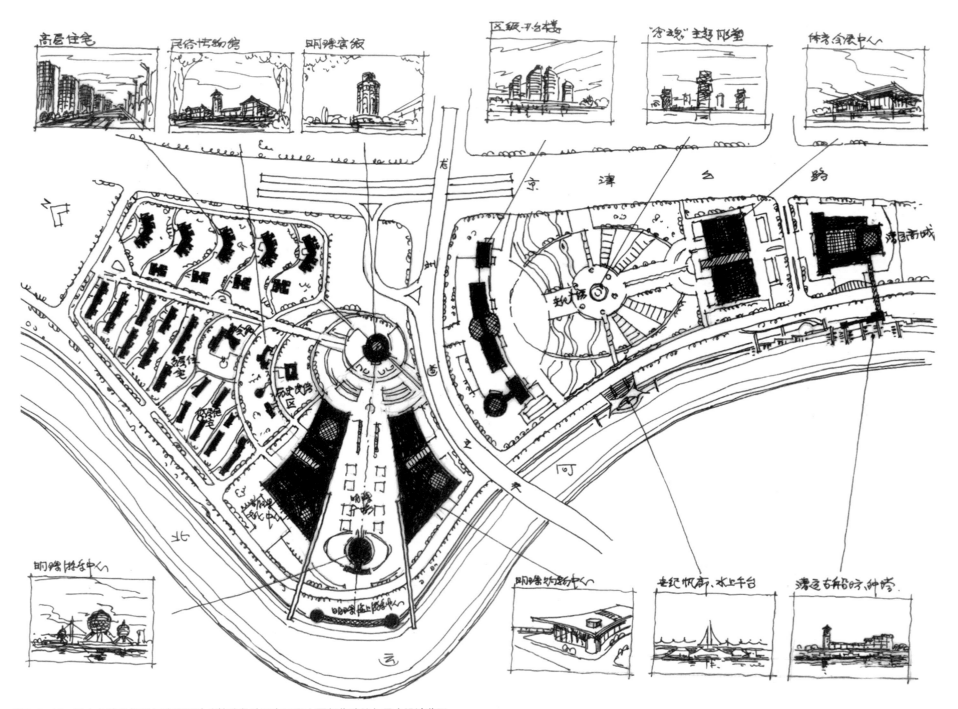

图3-9-16　某中心地段规划与建筑设计成熟阶段总图布局和主要部位建筑与景点设计草图。

3-10　河北工业大学南院教学楼

项目简介：河北工业大学教学楼位于天津市丁字沽校区南院，当时面临全国高校扩招形势，学校教学用房严重不足，校方决定在南院校区仅有空地上建设一栋尽量能扩大使用面积的高层教学楼（建筑高度不超过50米，建筑面积大于2万平方米），其中包括120人的阶梯教室及各种实验室、语音室和建筑学、环艺专业专用教室等。建设地段在校园主轴线南端，北侧面对校门，东西与礼堂、结构实验室相邻，净距110米，南侧为体育运动场，建设地段与校门之间留有绿化广场用地，具有成为南院教学区主楼条件。

构思主题："限制中求扩展"

根据原校园调整规划，拟建地段为六层教学楼，校方为了争取建筑面积，决定改为高层教学楼，可用地段东西向建筑净距为110米，高层与多层建筑消防距离不小于9米，因此教学楼东西向长度局限在80米以内为宜，为了扩展建筑面积，建筑南北向进深增至9米，尽量满足120人阶梯教室要求；并增加一层地下室，除了应有的人防面积外，专业设备用房尽量进入地下室；同时在条形建筑平面基础上，尽量把楼梯间和消防疏散前室突出在建筑平面外侧，争取建筑使用面积。这些处理都是体现"限制中求发展"构思主题的一些途径。教学楼的前广场也应视为"扩展"中的一部分，为此建筑位置在保证南侧绿化隔离基础上尽量向南移，广场东西两侧采用扭转45度方向柱廊，形成菱形广场，这样处理不仅安排了存自行车空间，同时"文化艺术柱廊"为建筑系和环艺专业塑造了高品位的广场外部空间。

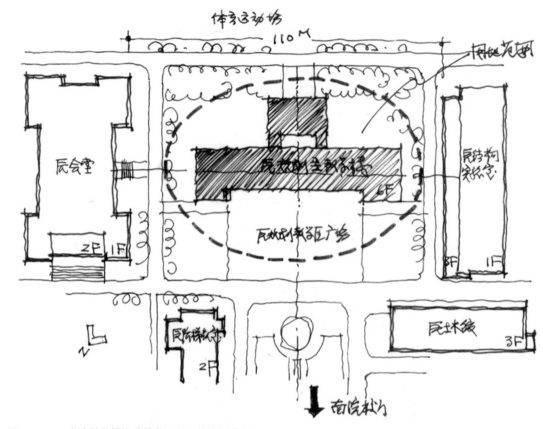

图3-10-1　南院教学楼拟建地段周围环境分析草图。

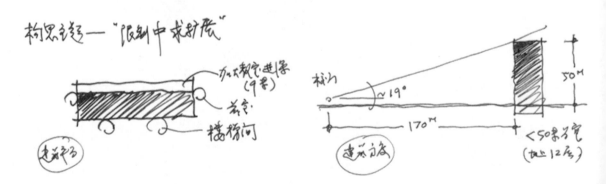

图3-10-2　南院教学楼建筑方案构思与设计原创阶段，根据场地特征，通过建筑平面、剖面分析初步形成建筑原创图形推敲设计草图。

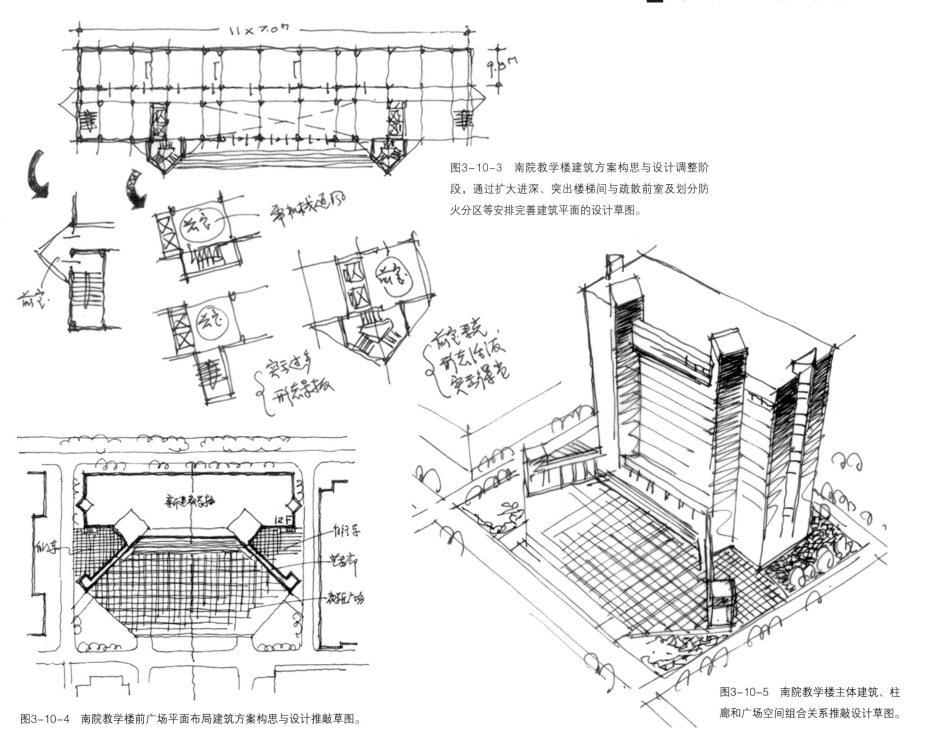

图3-10-3　南院教学楼建筑方案构思与设计调整阶段，通过扩大进深、突出楼梯间与疏散前室及划分防火分区等安排完善建筑平面的设计草图。

图3-10-4　南院教学楼前广场平面布局建筑方案构思与设计推敲草图。

图3-10-5　南院教学楼主体建筑、柱廊和广场空间组合关系推敲设计草图。

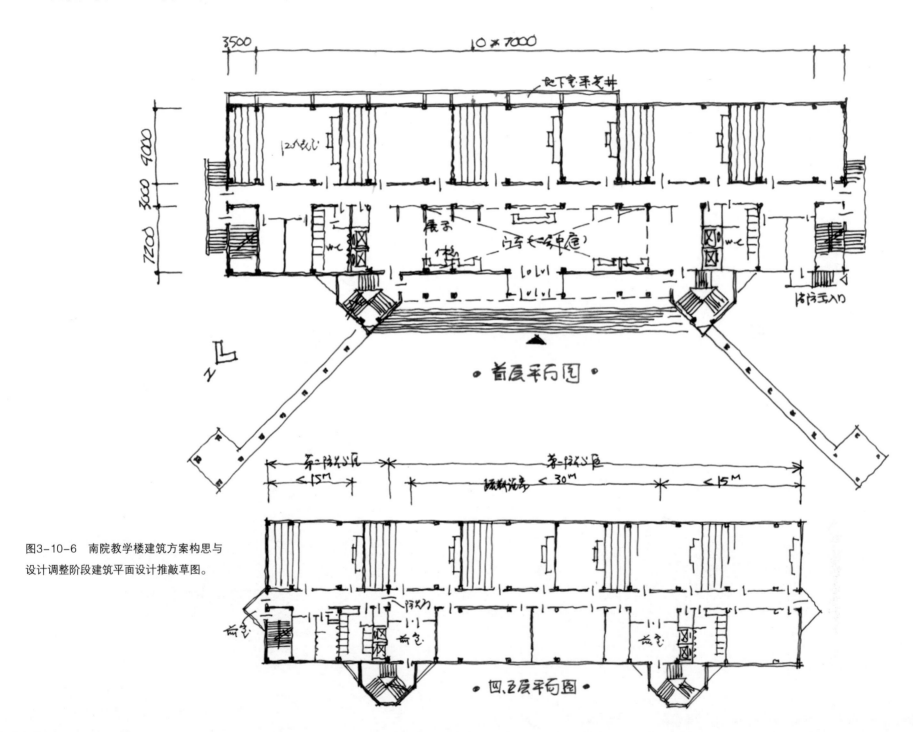

图3-10-6 南院教学楼建筑方案构思与
设计调整阶段建筑平面设计推敲草图。

图3-10-7 南院教学楼建筑方案构思与设计调整阶段，从建筑透视角度研究建筑造型、细部处理和外部空间关系等内容的设计研究草图。

图3-10-8　南院教学楼建筑方案构思与设计调整阶段建筑主出入口门廊方案推敲设计草图。

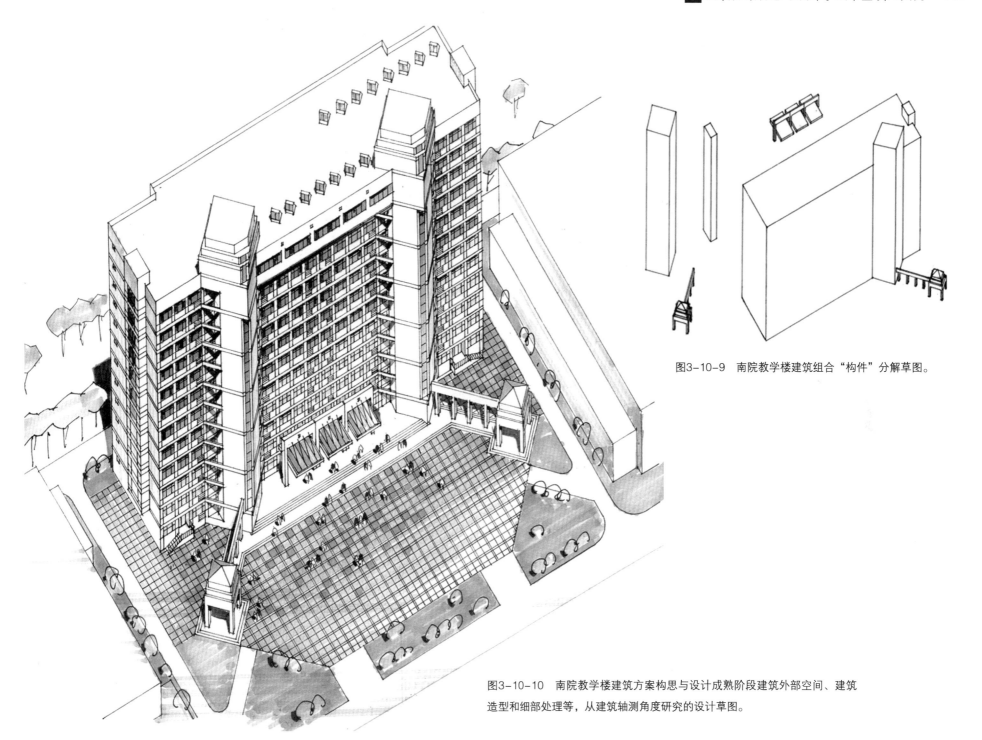

图3-10-9　南院教学楼建筑组合"构件"分解草图。

图3-10-10　南院教学楼建筑方案构思与设计成熟阶段建筑外部空间、建筑
造型和细部处理等，从建筑轴测角度研究的设计草图。

3-11　河北工业大学（北辰校区）主校门

项目简介：河北工业大学新校区坐落在天津市北辰区双口镇，校园占地约三千亩，规划在校生3万名。校园周围空旷、无城市型道路，主校门位于教学区和广场南北向轴线南端，主校门南侧100多米为津保高速公路爬坡路段，高差4～5米，目前来自市区校园人流均通过其地道到达校园。主校门建设环境特征为校园规模较大、地段环境空旷、高速公路对视线遮挡的影响。

构思主题："标志与空间并重"

根据主校门周围环境特殊性和校门基本使用功能，作者认为主校门首先是具有一定尺度的实体，突出校门标志性和识别性，避免人们难寻校园主出入口的困惑。其次，增加校门体量，则采用建筑常规的柱、梁和屋盖形成建筑空间的处理手法。主校门空间的形成解决了停车、保卫、收发、接待和各种人员停留等使用功能要求，也给师生带来安全感和归属感，这样特殊的校门是结合国情、周围环境和师生需要所致。不可否认这样处理会增加投资，但与校园建设总投资相比及主校门建成后给师生带来的功能和精神效果，可能也是值得的。

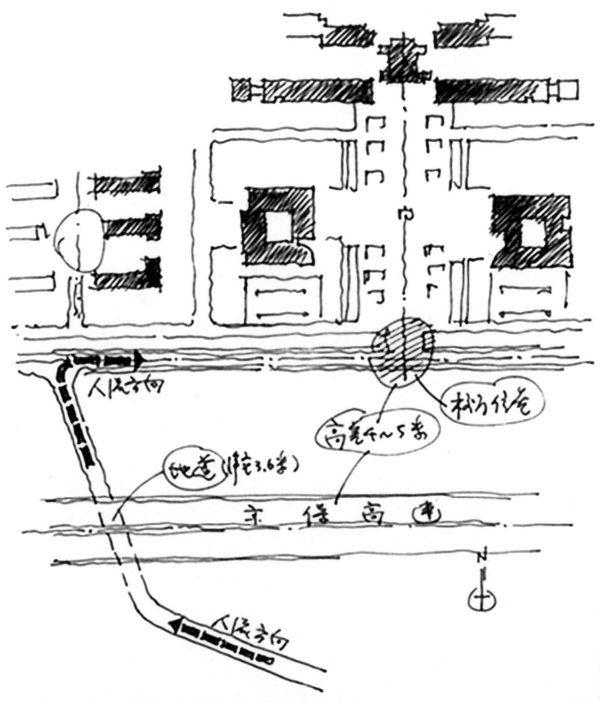

图3-11-1　河北工业大学北辰校区主校门拟建地段周围环境分析图。

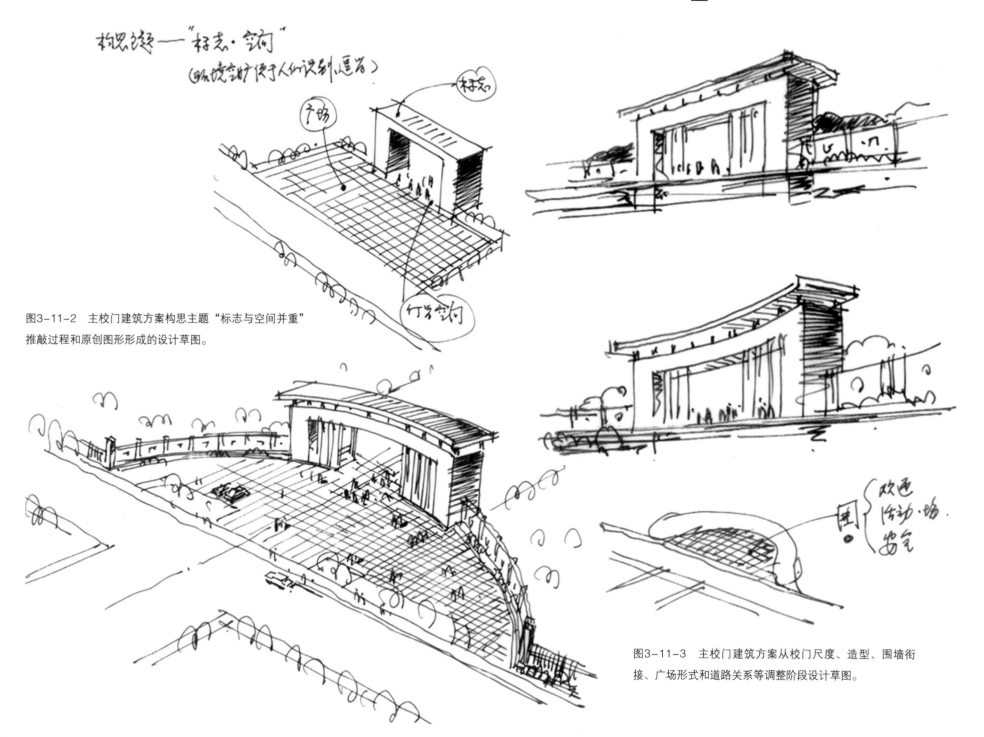

图3-11-2　主校门建筑方案构思主题"标志与空间并重"推敲过程和原创图形形成的设计草图。

图3-11-3　主校门建筑方案从校门尺度、造型、围墙衔接、广场形式和道路关系等调整阶段设计草图。

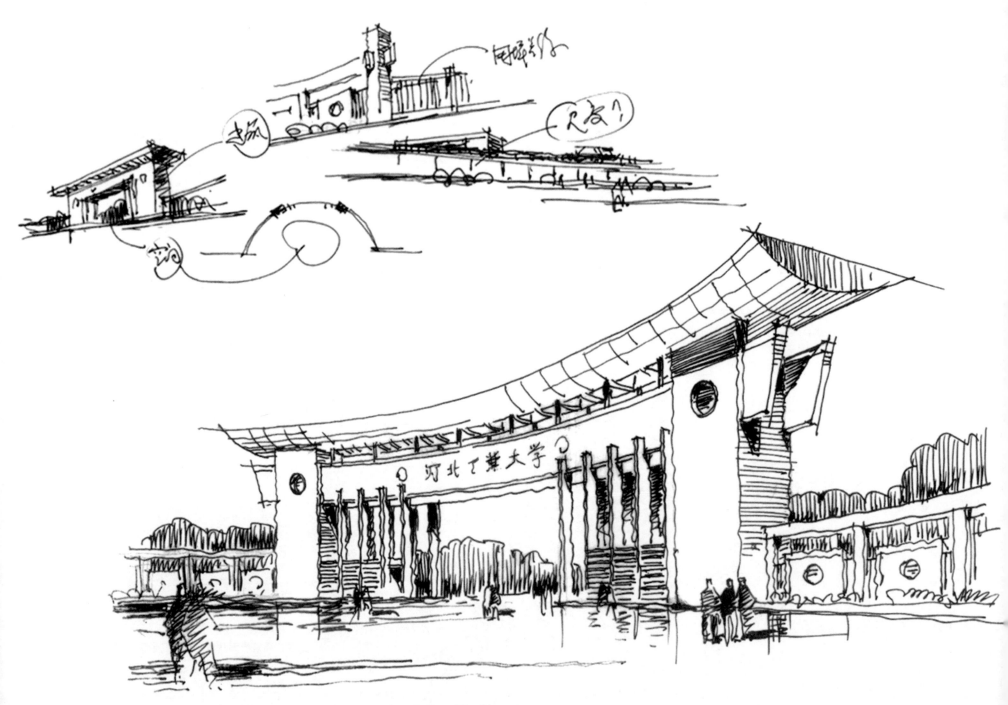

图3-11-4　主校门建筑造型和细部处理在建筑方案构思与设计调整阶段设计推敲草图之一。

图3-11-5　主校门主体建筑组合构件"解构"分析图。

图3-11-6　主校门建筑造型尺度和细部处理在建筑方案构思与设计调整阶段设计推敲草图之二。

图3-11-7　主校门建筑方案构思与设计成熟阶段建筑南立面设计草图。

3-12 河北工业大学（北辰校区）
大学生活动中心

项目简介：河北工业大学大学生活动中心位于校园教学区西北侧，活动中心东侧为体育运动区，南临连接东西学生生活区的校园东、西主干道，东临通向贯穿教学区南北向主干道，交通方便，位置敏感。建设地段南侧规划为学术交流中心，北侧规划为会堂，三栋建筑由南北向轴线贯穿，这组建筑群将成为校园师生主要公共活动场所。活动中心建筑面积1万平米，内容包括1000座的音乐厅、球类活动室、多功能厅、舞蹈、武术、合唱活动室、琴房、各类社团活动用房和办公室等。

构思主题："校园一条街"

根据活动中心周围环境、所处位置重要性和自身功能特征，把会堂、活动中心和学术交流中心三栋建筑合成为一组建筑组合体，并用一条街的空间形式联系起来，活动中心则成为这条街的中心地段的精华部分。同时根据活动中心内部使用功能特征：具有人流量大、不同性质使用空间种类复杂和建筑空间组合困难等，因此采用"一条街"的鱼骨式交通体系是恰如其分的。围绕一条街布置门厅、多功能二层中庭、开敞式走道和楼梯、通向各部分走道等，很好地体现了活动中心"校园一条街"的时代特色和文化艺术内涵。

建筑方案构思与设计过程中的方案一对音乐厅的使用功能理解过于简单，实际上不宜放在二层，建筑方案二调整了音乐厅位置，两个方案分别展示如下。

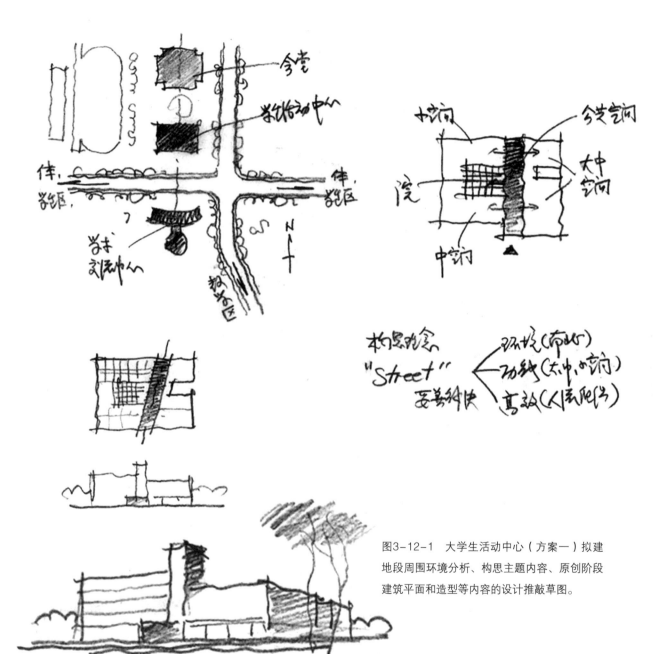

图3-12-1 大学生活动中心（方案一）拟建地段周围环境分析、构思主题内容、原创阶段建筑平面和造型等内容的设计推敲草图。

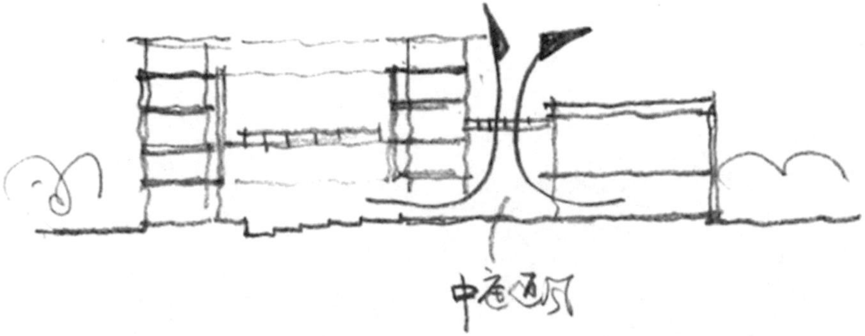

中庭通风

图3-12-2　大学生活动中心（方案一）建筑方案构思与设计调整阶段，从建筑剖面研究自然通风的设计推敲草图。

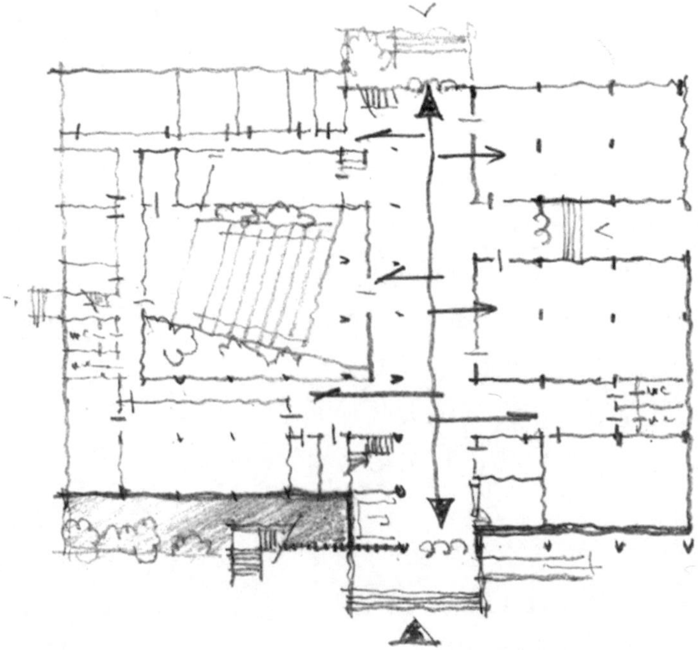

图3-12-3　大学生活动中心（方案一）建筑方案构思与设计调整阶段建筑平面和立面设计推敲草图。

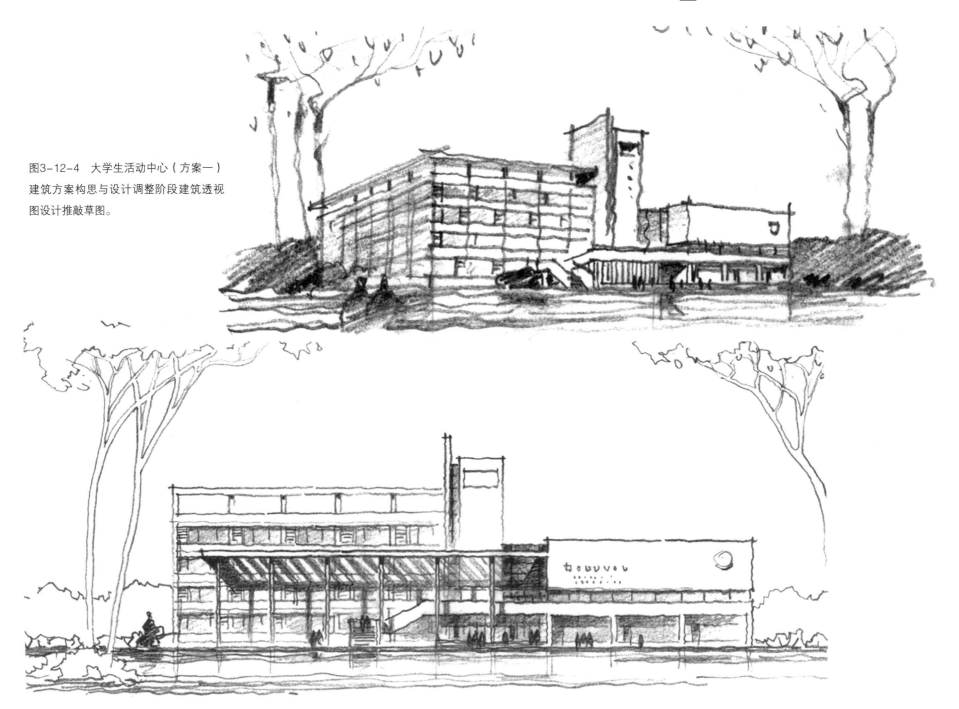

图3-12-4　大学生活动中心（方案一）
建筑方案构思与设计调整阶段建筑透视
图设计推敲草图。

图3-12-5　大学生活动中心（方案一）建筑方案构思与设计成熟阶段建筑立面设计草图。

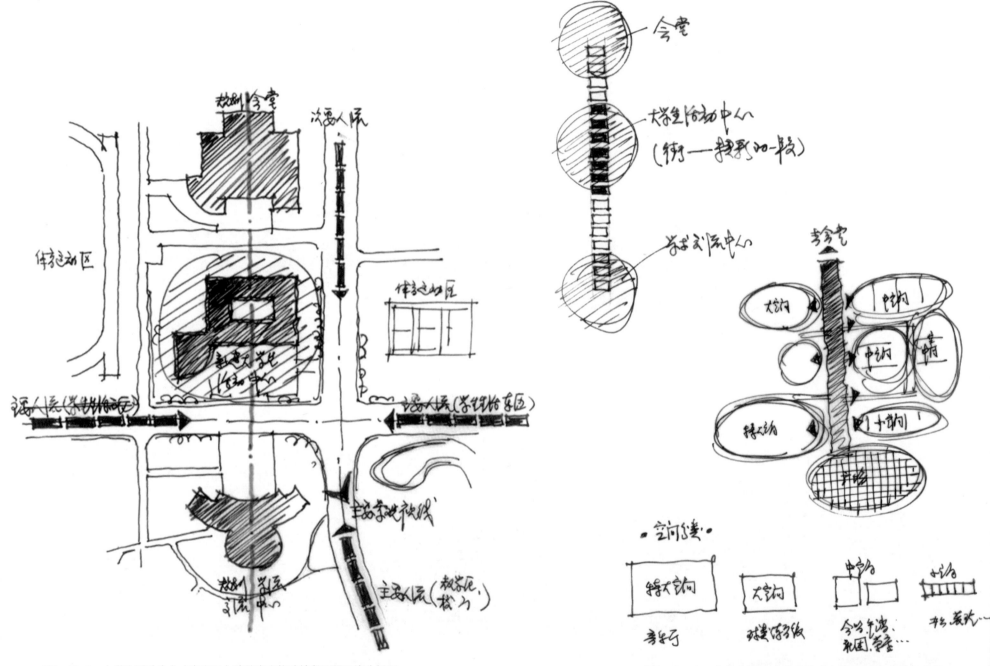

图3-12-6　大学生活动中心（方案二）建筑方案拟建地段周围环境分析图。

图3-12-7　大学生活动中心（方案二）建筑方案构思主题
"校园一条街"含义分析研究草图。

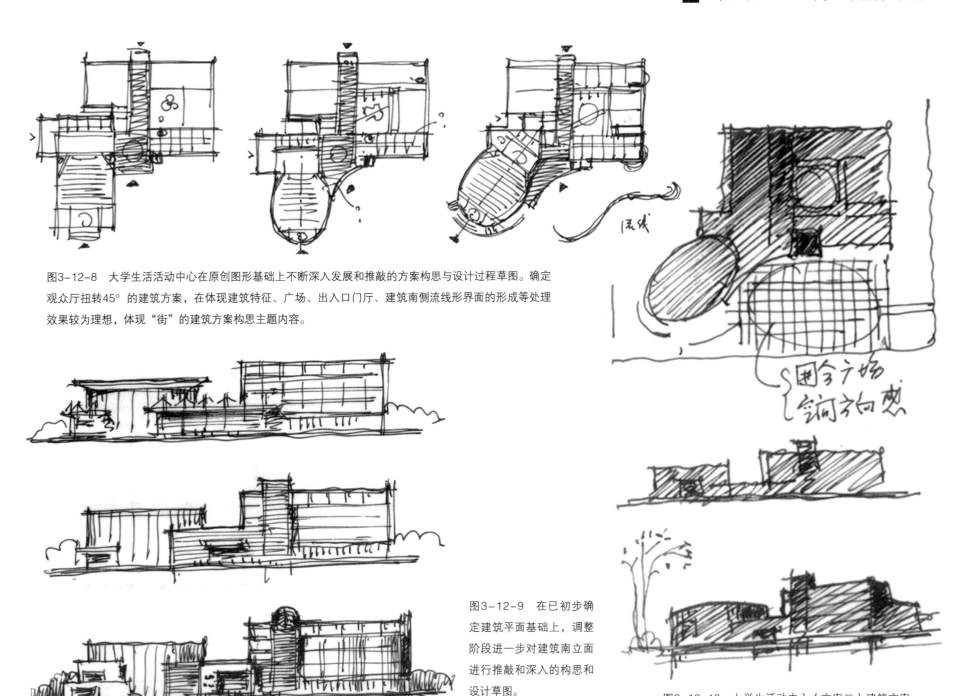

图3-12-8　大学生活动中心在原创图形基础上不断深入发展和推敲的方案构思与设计过程草图。确定观众厅扭转45°的建筑方案，在体现建筑特征、广场、出入口门厅、建筑南侧流线形界面的形成等处理效果较为理想，体现"街"的建筑方案构思主题内容。

图3-12-9　在已初步确定建筑平面基础上，调整阶段进一步对建筑南立面进行推敲和深入的构思和设计草图。

图3-12-10　大学生活动中心（方案二）建筑方案原创阶段建筑平、立、透视推敲设计草图。

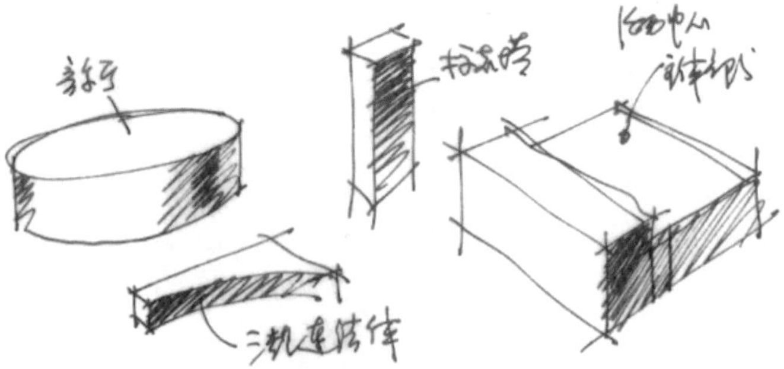

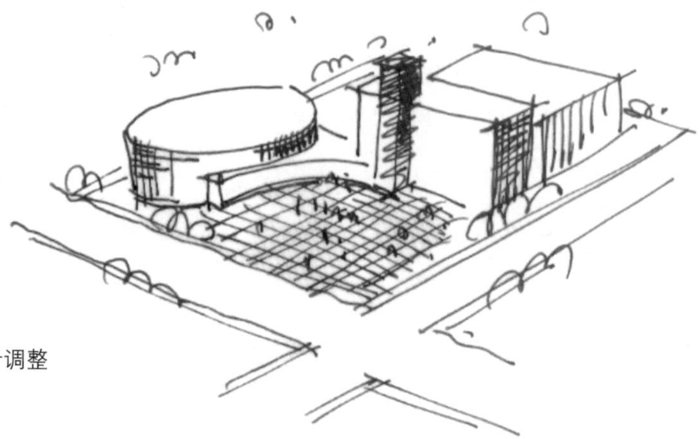

图3-12-11　大学生活动中心（方案二）建筑方案构思与设计调整
阶段主体建筑组合设计解构分析草图。

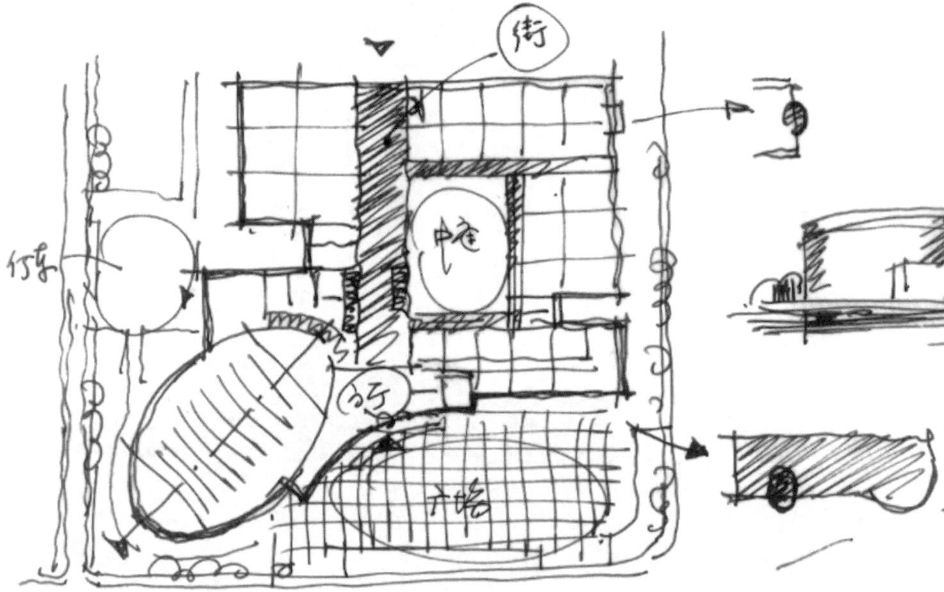

图3-12-12　大学生活动中心（方案二）建筑方案调整
阶段建筑平面、建筑造型、"塔"的造型推敲设计草图。

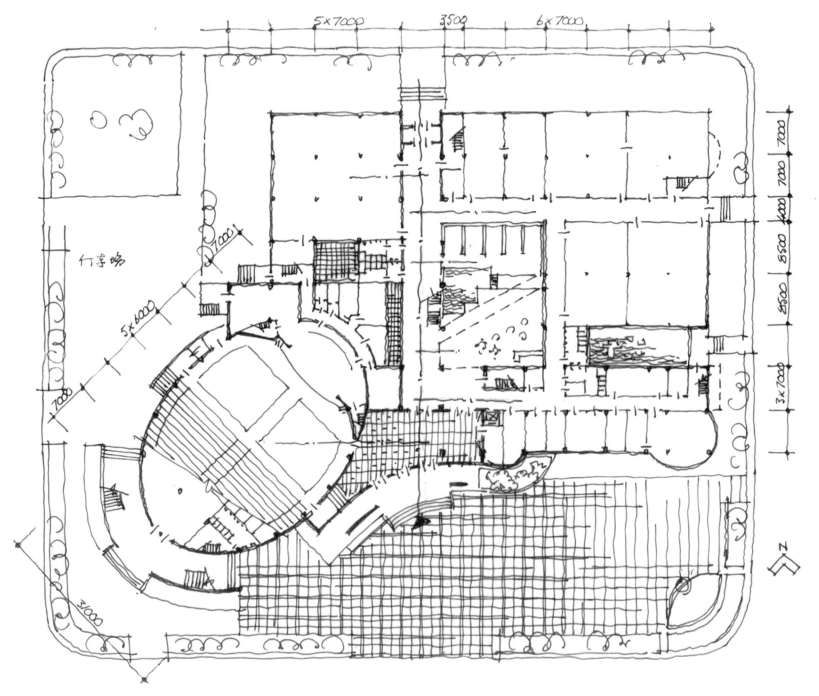

图3-12-13　大学生活动中心（方案二）建筑方案构思与设计成熟阶段建筑平面设计研究草图。

图3-12-14　大学生活动中心（方案二）建筑方案构思与设计成熟阶段建筑正、侧立面设计草图。

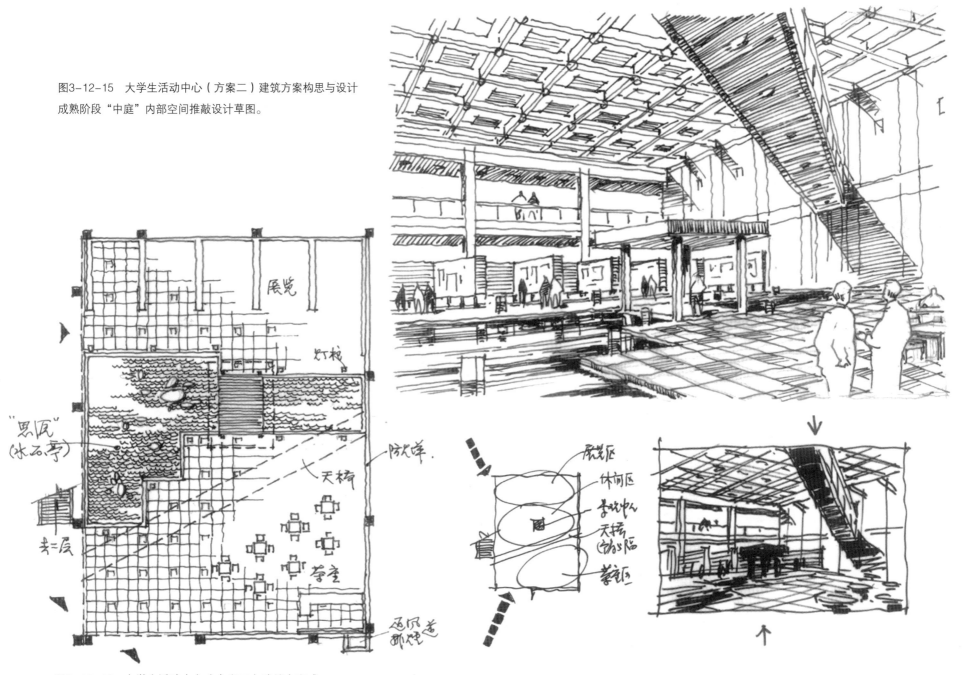

图3-12-15　大学生活动中心（方案二）建筑方案构思与设计
成熟阶段"中庭"内部空间推敲设计草图。

图3-12-16　大学生活动中心（方案二）建筑方案成
熟阶段"中庭"平面布置设计草图。

图3-12-17　大学生活动中心（方案二）建筑方案调整阶段"中庭"方案构思推敲设计草图。

图3-12-18 大学生活动中心（方案二）建筑方案构思与设计成熟阶段，从建筑透视角度研究建筑造型、细部处理和广场关系设计草图。

3-13　河北科技师范学院（秦皇岛校区）
A综合教学楼和B图书馆扩建

3-13A　综合教学楼

项目简介：河北科技师范学院新建综合教学楼位于秦皇岛校区教学区，南临河北大街，是通向市区和北戴河的城市主干道，道路南侧为市体育中心和海边。拟建地段在校园教学区南北轴线上，老教学楼北侧，场地呈矩形，南北约90米，东西约100米，总建筑面积2.8万平方米，其内容包括：各种规模教室、基础教学实验室、办公室和会议室等。校方要求教学楼为低于50米的高层建筑，部分办公室应能看到南面的海边。当地规划部门专家组建议，建筑风格应为适合滨海城市的"白派建筑"。

构思主题："1+1＝1"即新、老教学楼组合成一组"围合性"教学楼

结合教学楼不同内部空间，人流疏散、通风和采光等要求，以及周围环境特征，作者提出"1＋1＝1"新、老教学楼组合成一组"围合性教学楼"的建筑方案构思主题。具体内容应体现：①新、老教学楼的"U"字形建筑平面，是由广场空间的南北轴线组合起来的；②新、老教学楼西侧裙房为通过走道的两楼联系部分。③在保持老教学楼（建筑面积约8000平方米）简洁和素雅的白色"船式建筑"风格基础上，塑造新教学楼"白派建筑"风貌教学建筑组合体。

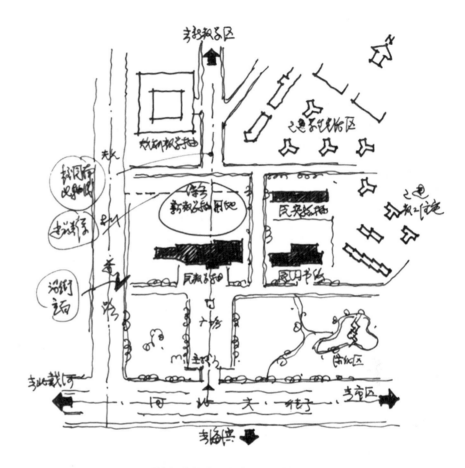

图3-13A-1　河北科技师范学院新建综合教学楼拟建地段范围、道路关系和四周环境的分析图。

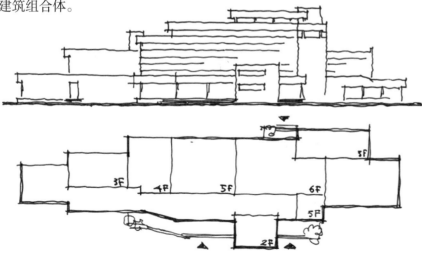

图3-13A-2　新建综合教学楼南侧老教学楼建筑平面和造型等分析草图，该楼独特白色"船形建筑"建成后成为校园一景。

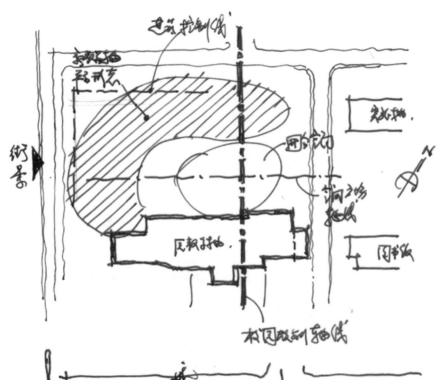

图3-13A-3　新建综合教学楼建筑方案原创阶段从构思主题出发推敲新、老教学楼空间组合关系的原创图形草图。

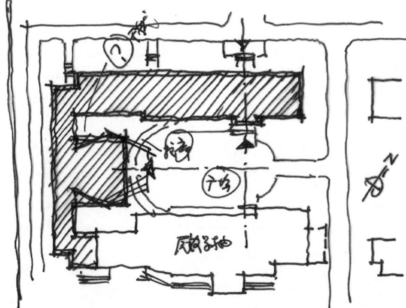

图3-13A-4　在新建综合教学楼与老教学楼围合后形成的原创图形基础上推敲建筑方案雏形的研究草图之一。

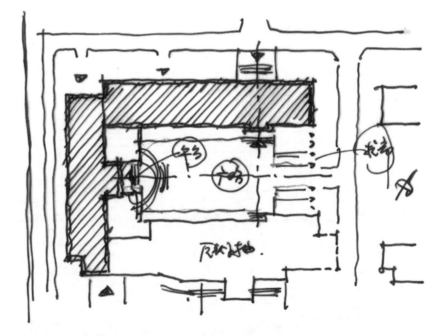

图3-13A-5　在新建综合教学楼与老教学楼围合后形成的原创图形基础上推敲建筑方案雏形的推敲研究草图之二。

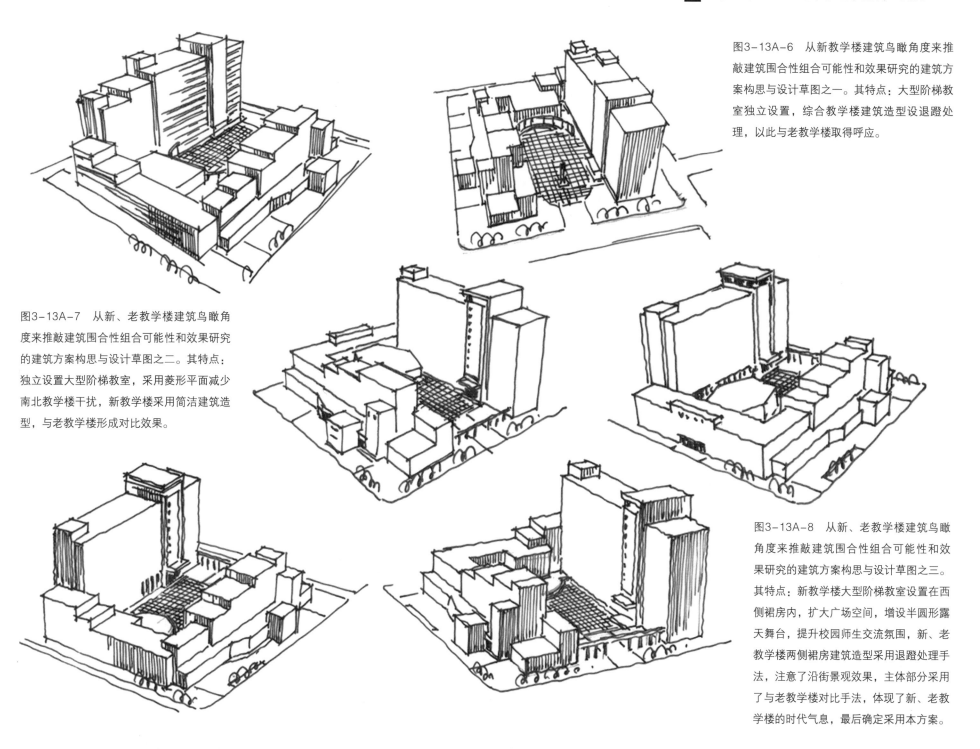

图3-13A-6　从新教学楼建筑鸟瞰角度来推敲建筑围合性组合可能性和效果研究的建筑方案构思与设计草图之一。其特点：大型阶梯教室独立设置，综合教学楼建筑造型设退蹬处理，以此与老教学楼取得呼应。

图3-13A-7　从新、老教学楼建筑鸟瞰角度来推敲建筑围合性组合可能性和效果研究的建筑方案构思与设计草图之二。其特点：独立设置大型阶梯教室，采用菱形平面减少南北教学楼干扰，新教学楼采用简洁建筑造型，与老教学楼形成对比效果。

图3-13A-8　从新、老教学楼建筑鸟瞰角度来推敲建筑围合性组合可能性和效果研究的建筑方案构思与设计草图之三。其特点：新教学楼大型阶梯教室设置在西侧裙房内，扩大广场空间，增设半圆形露天舞台，提升校园师生交流氛围，新、老教学楼两侧裙房建筑造型采用退蹬处理手法，注意了沿街景观效果，主体部分采用了与老教学楼对比手法，体现了新、老教学楼的时代气息，最后确定采用本方案。

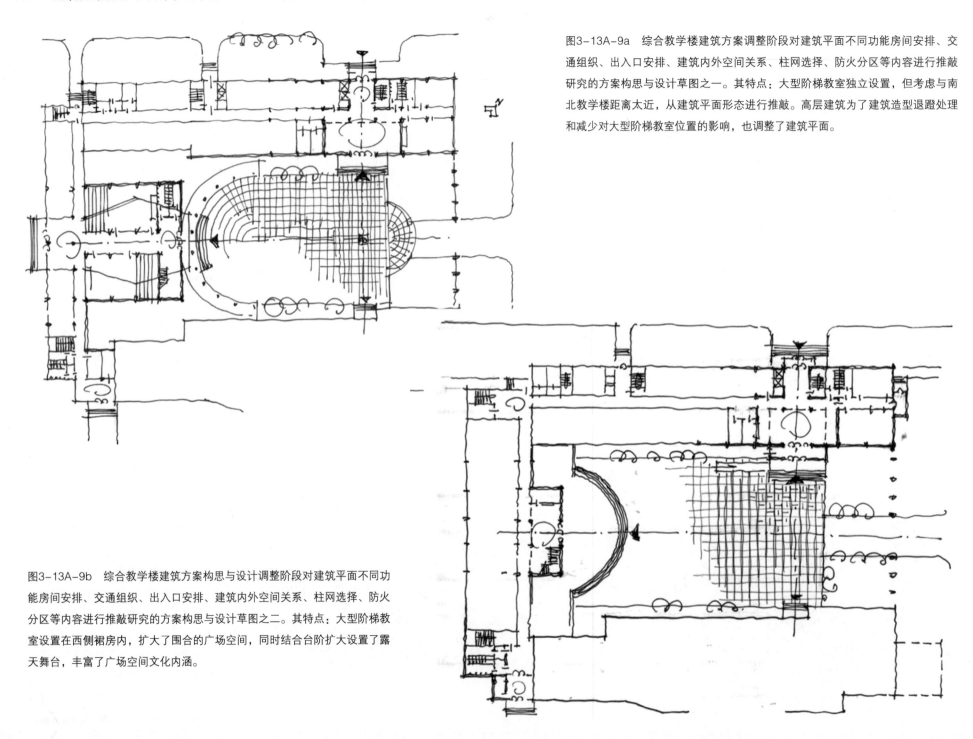

图3-13A-9a 综合教学楼建筑方案调整阶段对建筑平面不同功能房间安排、交通组织、出入口安排、建筑内外空间关系、柱网选择、防火分区等内容进行推敲研究的方案构思与设计草图之一。其特点：大型阶梯教室独立设置，但考虑与南北教学楼距离太近，从建筑平面形态进行推敲。高层建筑为了建筑造型退蹬处理和减少对大型阶梯教室位置的影响，也调整了建筑平面。

图3-13A-9b 综合教学楼建筑方案构思与设计调整阶段对建筑平面不同功能房间安排、交通组织、出入口安排、建筑内外空间关系、柱网选择、防火分区等内容进行推敲研究的方案构思与设计草图之二。其特点：大型阶梯教室设置在西侧裙房内，扩大了围合的广场空间，同时结合台阶扩大设置了露天舞台，丰富了广场空间文化内涵。

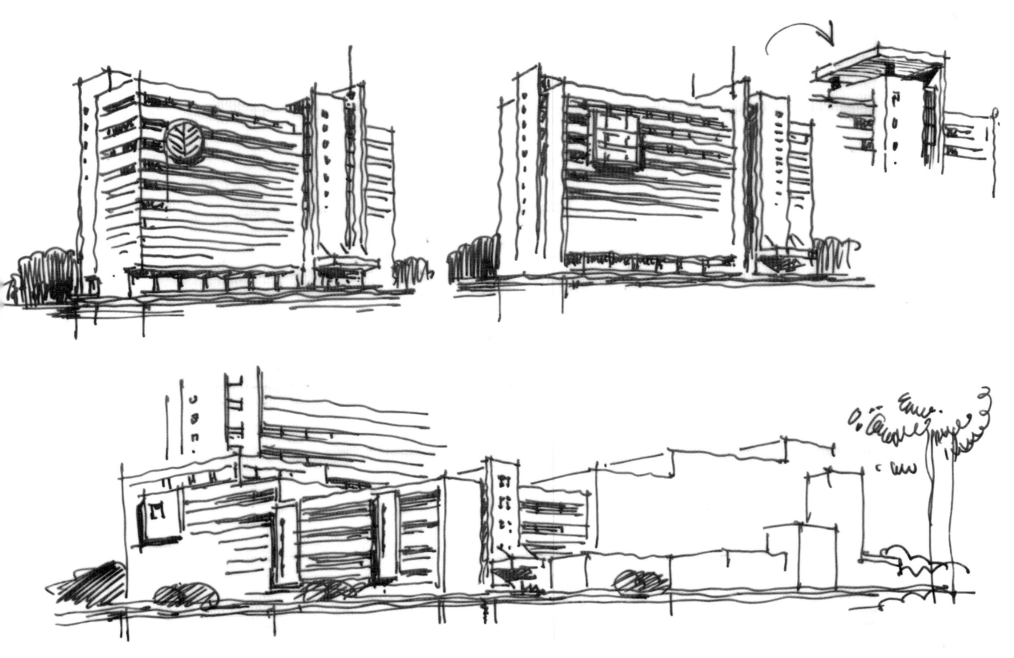

图3-13A-10　综合教学楼建筑方案调整阶段推敲研究主体建筑部分建筑造型、细部处理和
新、老教学楼组合关系效果的方案构思与设计草图。

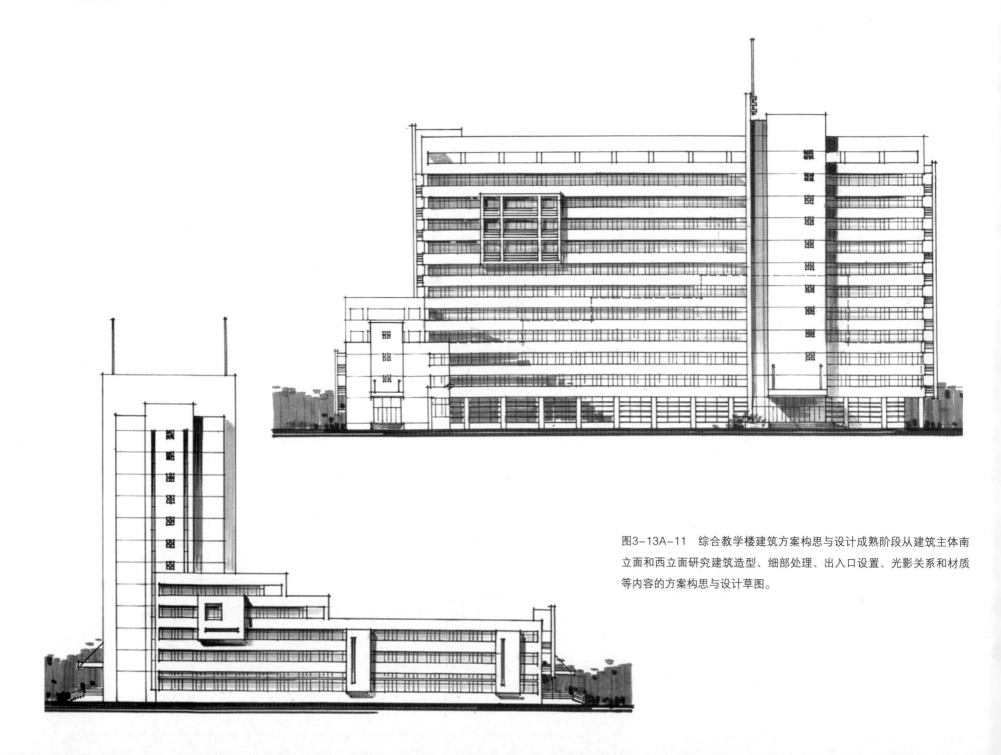

图3-13A-11   综合教学楼建筑方案构思与设计成熟阶段从建筑主体南立面和西立面研究建筑造型、细部处理、出入口设置、光影关系和材质等内容的方案构思与设计草图。

图3–13A–12　综合教学楼建筑方案构思与设计成熟阶段从西南方向角度推敲研究新、老教学楼建筑
连接部位的建筑造型、细部处理和外部空间效果等内容的设计草图。

图3-13A-13　综合教学楼建筑方案构思与设计成熟阶段对高层建筑部分建筑造型、细部处理、广场空间关系等内容推敲研究的方案设计草图。

3-13B　院图书馆扩建

项目简介：河北科技师范学院图书馆扩建位于秦皇岛校区教学中心区东南侧，面临城市东西向主干道河北大街。河北大街另一侧与校园相对应的是沿海滨的秦皇岛市体育中心。老图书馆建筑面积约3340平方米，扩建新图书馆建筑面积为12000平方米，从老馆周围扩建空地情况分析，新馆向北扩建尚有可能。校方要求扩建后新、老图书馆在使用功能和管理模式等方面将融为一体。城市规划管理部门要求扩建后的图书馆建筑风格与西侧教学区新建综合教学主楼协调，基本保持原有的海滨城市校园"白派建筑"风貌和格调。

构思主题："1＋1＝1"——1座老馆+1座新馆=1座扩建的"融合性"图书馆

结合老馆北侧空地紧张情况和校方扩建后图书馆的全方位融合的要求，作者提出"1＋1＝1"的构思主题内容，这并非是真正意义上的数学计算式，而是说明扩建后新、老图书馆从真正意义上体现了全方位融为一体的完整的图书馆。

具体概括为三个"融合"内容：其一是读者使用功能与馆内管理模式的融合。应使读者在使用过程中感觉不到是两个图书馆，主要体现在交通空间、阅览空间和辅助空间渗透和流通。同时集中办公、统一采编和统一管理机制，使扩建后图书馆的管理真正融合为一个管理模式。其二是新图书馆地上、地下的空间和技术处理的融合，具体是通过老馆选择恰当位置进行改造，使新、老图书馆独立空间通过中庭空间联系起来，融合成一个完整的、流畅的图书馆内部空间，同时通过地下室安排，新馆挑梁基础及防火通风隔离道等处理使扩建后的图书馆具备良好的技术可靠性和运行安全性。其三是新、老图书馆建筑造型和艺术处理手法的融合，乃至与相邻教学楼建筑风格协调也得以重视。具体处理是新馆采用了建筑体量局部退蹬处理，老馆外部装饰物清除、老馆南侧设置"文化门廊"、设置与西侧教学楼相互呼应的图书馆西主出入口和整体建筑采用"白派建筑"风格等。最后必须提一下"中庭"处理，它不仅解决了新、老馆通风、采光、基础、交通等问题，同时也成为扩建后图书馆的"亮点"。

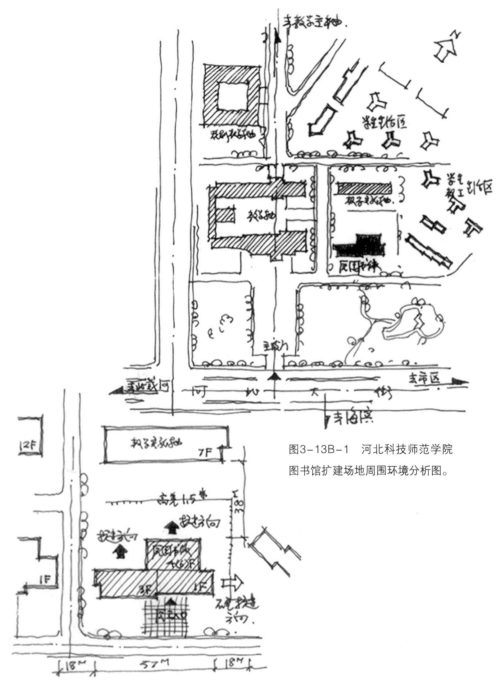

图3-13B-1　河北科技师范学院图书馆扩建场地周围环境分析图。

图3-13B-2　河北科技师范学院图书馆扩建场地、扩建方向可能性研究分析草图。

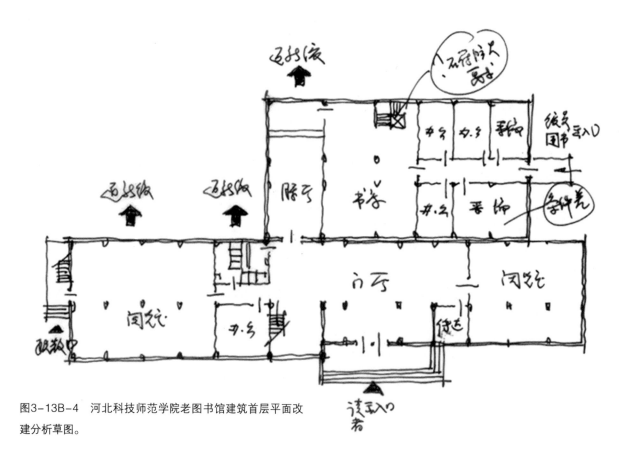

图3-13B-3　河北科技师范学院图书馆扩建原创阶段新馆
原创图形推敲分析草图。

图3-13B-4　河北科技师范学院老图书馆建筑首层平面改
建分析草图。

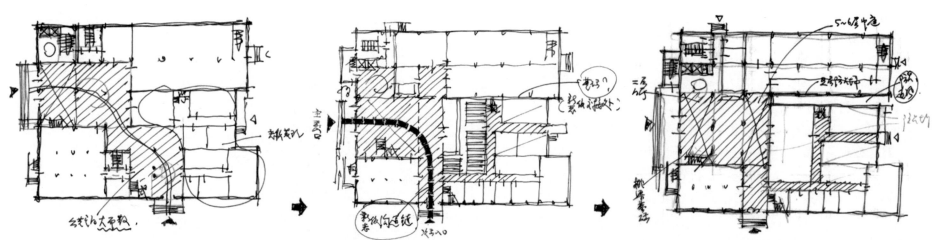

图3-13B-5　河北科技师范学院图书馆扩建调整阶段在建筑方案雏形基础上深入调整、推敲过程的建筑方案构思与设计草图。

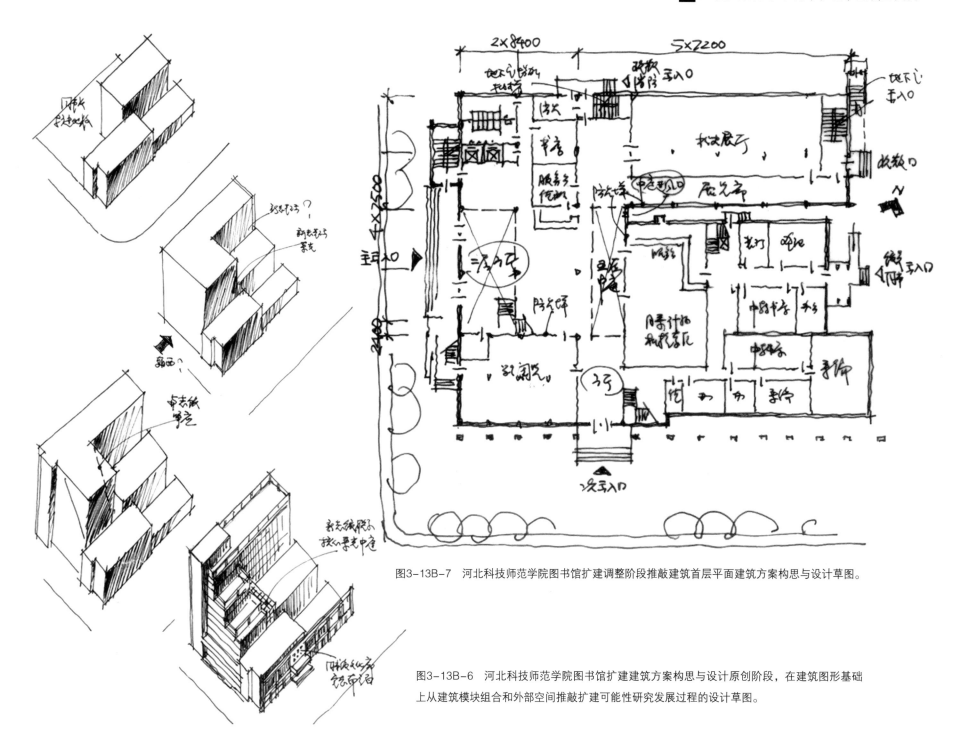

图3-13B-7　河北科技师范学院图书馆扩建调整阶段推敲建筑首层平面建筑方案构思与设计草图。

图3-13B-6　河北科技师范学院图书馆扩建建筑方案构思与设计原创阶段，在建筑图形基础上从建筑模块组合和外部空间推敲扩建可能性研究发展过程的设计草图。

图3-13B-8　河北科技师范学院图书馆扩建方案构思与
设计调整阶段从建筑南立面和西立面向推敲建筑造型、
出入口处理、虚实和明暗关系效果的设计草图。

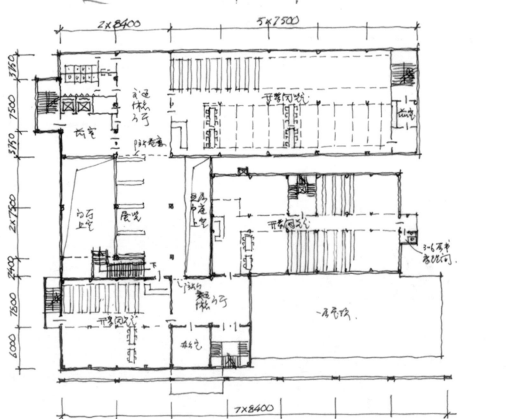

图3-13B-9　河北科技师范学院图书馆扩建成熟阶段建
筑二层平面建筑方案构思与设计草图。

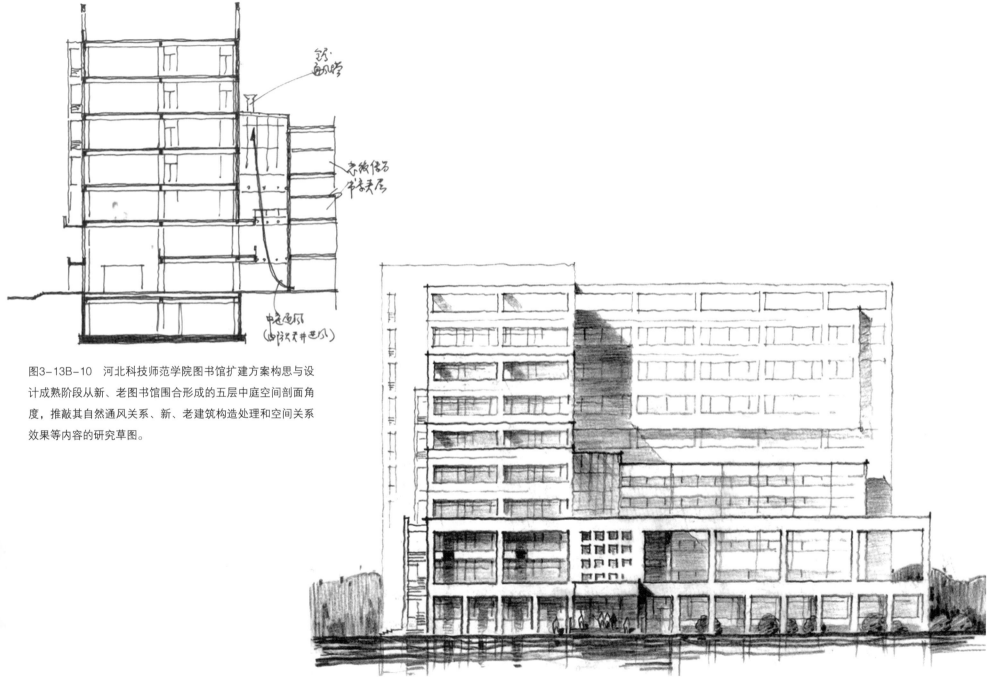

图3-13B-10　河北科技师范学院图书馆扩建方案构思与设计成熟阶段从新、老图书馆围合形成的五层中庭空间剖面角度，推敲其自然通风关系、新、老建筑构造处理和空间关系效果等内容的研究草图。

图3-13B-11　河北科技师范学院图书馆扩建成熟阶段建筑南立面方案构思与设计草图。

图3-13B-12　河北科技师范学院图书馆扩建方案构思与设计成熟阶段从建筑东南向透视角度推敲建筑造型与外部空间效果的设计草图。

3-14　任丘市会堂及展览中心

　　项目简介：会展中心拟建地段位于河北省任丘市中心区，中华路北侧、昆仑道东侧的拐角处。占地5公顷，总建筑面积控制在1.5万平方米，其中包括：1500人观众厅和各种会议室，共5000平方米的会议中心。展览中心包括展览厅、展销厅、洽谈室和服务用房等。建成后，会展中心要体现任丘市经济建设和科技文化特征，并将成为任丘市标志性建筑。

　　构思主题：融合性的"整合"

　　通过现场调研发现，原有城市现状院落空间各自为政、建筑布局分散和建筑造型琐碎，从而启发作者对任丘市会展中心建筑方案应具有地域性特色的理解，突出融合性的"整合"，其表达了对原城市建设现状的挑战，注入一种统一、完整的和谐新秩序，恰当反映了任丘新兴工业城市的特征。同时在内部使用功能处理上，尽量塑造公共使用空间，提高使用率和节约投资，形成可分可合的多元化、现代化会展建筑空间模式。通过推敲形成会展中心原创图形为矩形平面，并由中庭式门厅联系会议和展览两部分。整个建筑覆盖一组带有弧形檐口和斜向柱廊的波浪形金属网架屋盖，恰如其分的表达了融合性的"整合"方案构思主题。

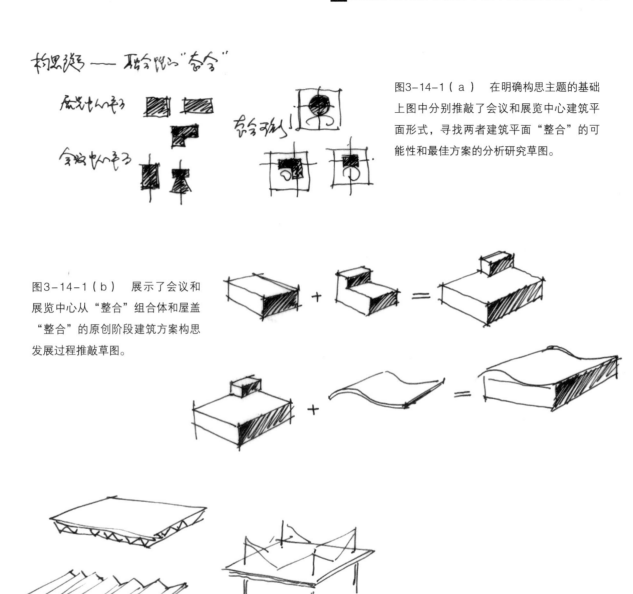

图3-14-1（a）　在明确构思主题的基础上图中分别推敲了会议和展览中心建筑平面形式，寻找两者建筑平面"整合"的可能性和最佳方案的分析研究草图。

图3-14-1（b）　展示了会议和展览中心从"整合"组合体和屋盖"整合"的原创阶段建筑方案构思发展过程推敲草图。

图3-14-1（c）　图中对"整合"后覆盖屋顶形式进行比较，认为波浪形屋盖能更好地解决舞台突出部分，同时更具有时代特色的分析研究草图。

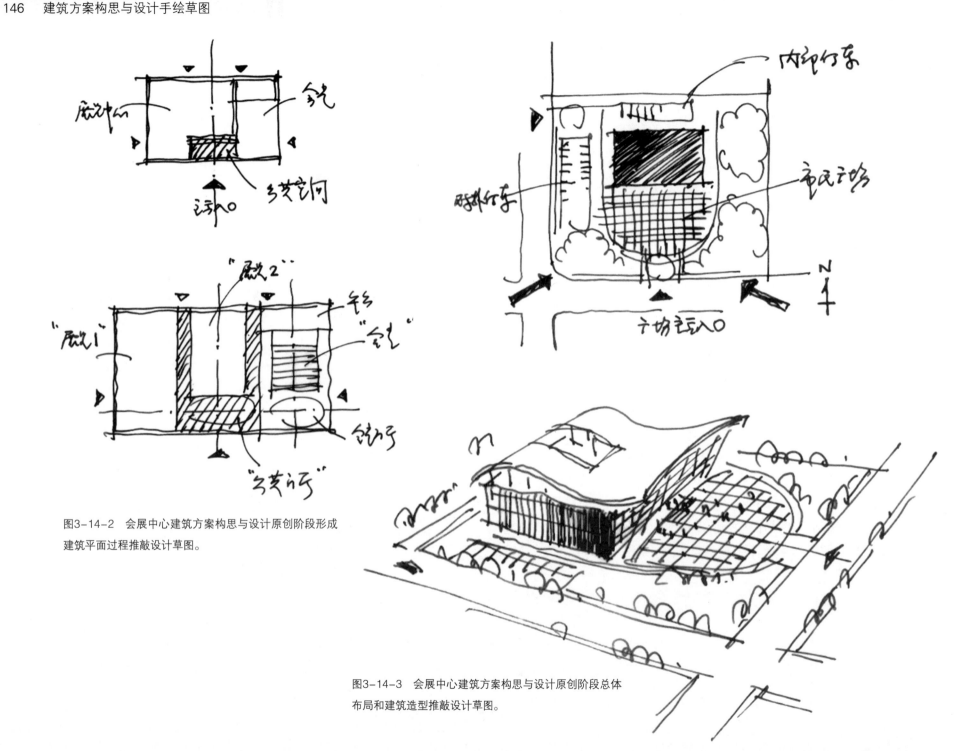

图3-14-2 会展中心建筑方案构思与设计原创阶段形成
建筑平面过程推敲设计草图。

图3-14-3 会展中心建筑方案构思与设计原创阶段总体
布局和建筑造型推敲设计草图。

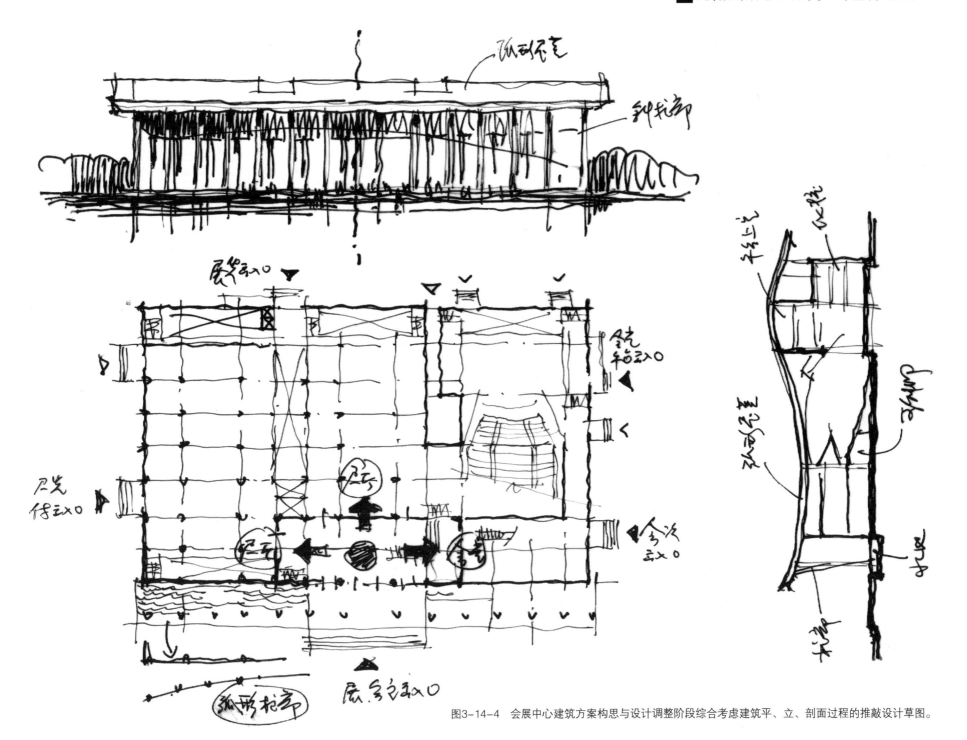

图3-14-4　会展中心建筑方案构思与设计调整阶段综合考虑建筑平、立、剖面过程的推敲设计草图。

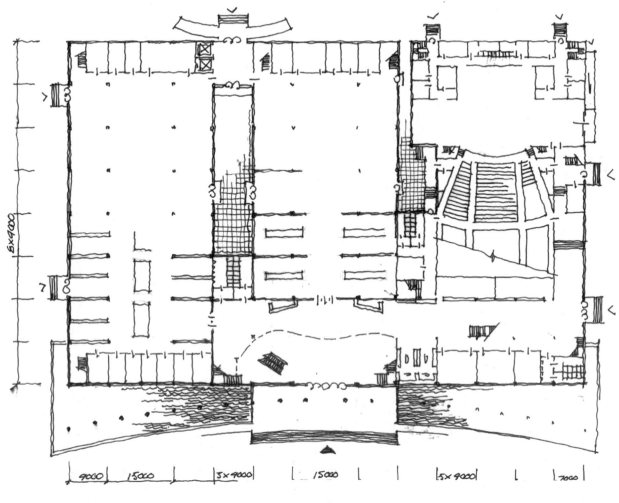

图3-14-5　会展中心建筑方案构思与设计成熟阶段首层平面研究设计草图。其中表示了建筑柱网尺寸、多种主要房间家具设备布置、符合消防要求的交通设施位置和内容、内外出入口安排等。

图3-14-6　会展中心建筑方案构思与设计成熟阶段建筑剖面研究设计草图。其中表示了柱网尺寸、标高、屋盖与主体建筑之关系、观众厅池座和楼座的关系、地面升起、多种视线和声音反射分析、灯光和舞台设施等内容。

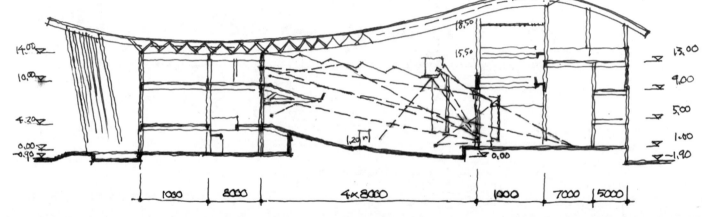

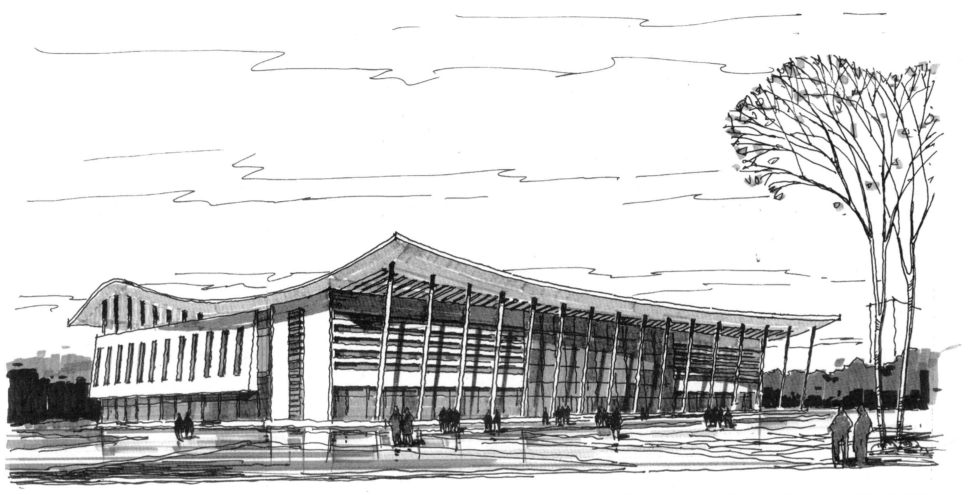

图3-14-7　会展中心建筑方案构思与设计成熟阶段从透视角度
研究建筑造型、细部处理、屋盖和柱廊形态等内容的设计草图。

图3-14-8　为配合进一步推敲屋盖形态和主体建筑关系效果，
从剖面和数据角度进行分析的研究草图。

3-15　廊坊某综合商城

　　项目简介：某综合商城位于廊坊市中心区，距西北方向市政府约1.6公里。地段大体呈矩形（东南角位置有12层的中国银行）南北长235米，东西长226米，原为春明菜市场、餐饮、精品店、水果店等一层建筑，已形成一定的商业氛围。地段北侧为管道局医院，其他周围大部分为住宅区，四周交通方便，为城市建设重要区域。某综合商城规划用地4.70公顷，总规划建筑面积为9.0万平方米，包括：综合商场、大型超市、综合菜市场、饭店和商务中心等，业主为延续原有商业模式，要求沿新开路设精品店、建国道为水果店、解放路为风味小吃及快餐等。

　　构思主题：优化"购物与停车空间"——"步行街、商城中心"模式

　　我国城市综合商城建设正如雨后春笋般兴起，通过作者调研并结合建设场地和周围环境特征，以及业主对商城建设要求，提出了优化"购物与停车空间"——"步行街、商城中心"模式的商城规划方案构思主题，并具体落实：①构建不同商业区既独立又联系的形态模式。②地下停车空间与购物空间相互渗透和联系。③营造无车步行街及商城中心的室外景观体系。④引入生态建筑设计观念，采用自然通风、太阳能和可呼吸双层幕墙等技术，节约能源提高环境质量。

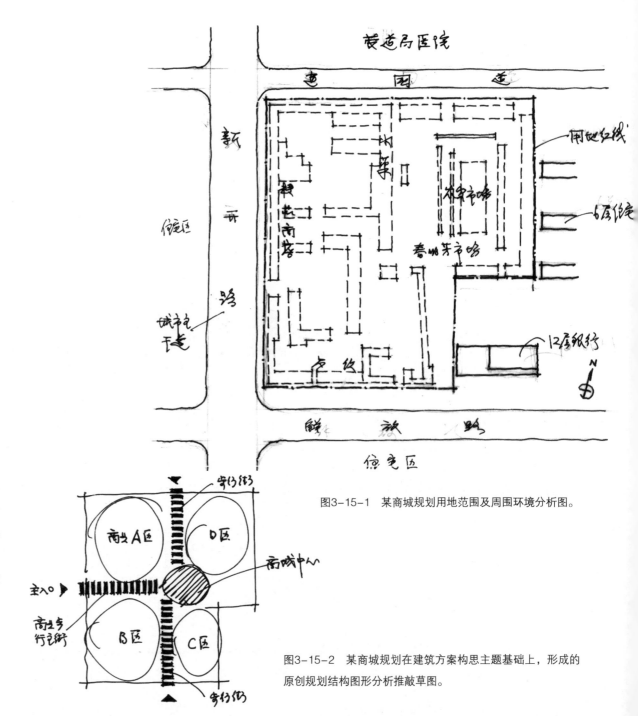

图3-15-1　某商城规划用地范围及周围环境分析图。

图3-15-2　某商城规划在建筑方案构思主题基础上，形成的原创规划结构图形分析推敲草图。

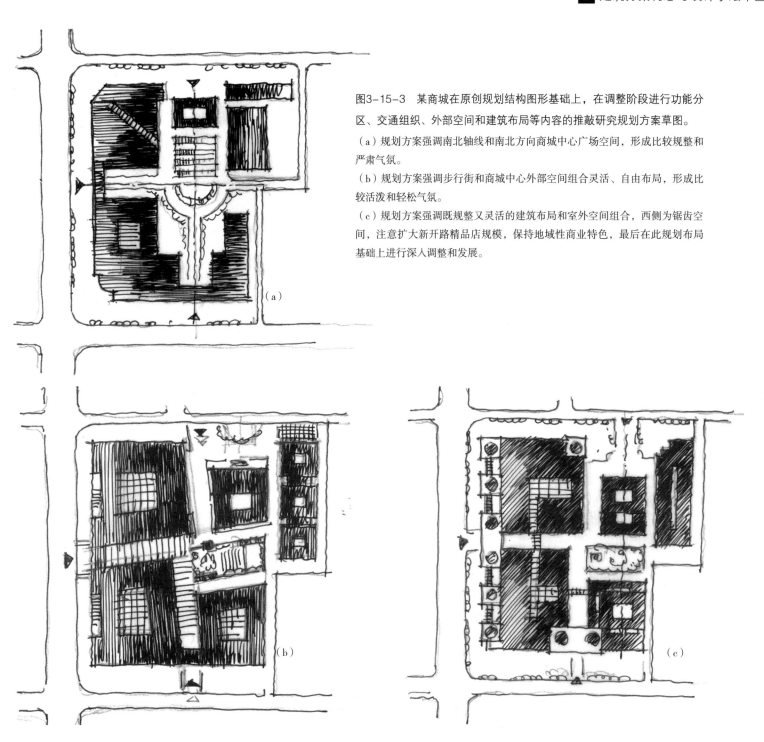

图3-15-3　某商城在原创规划结构图形基础上，在调整阶段进行功能分区、交通组织、外部空间和建筑布局等内容的推敲研究规划方案草图。

（a）规划方案强调南北轴线和南北方向商城中心广场空间，形成比较规整和严肃气氛。

（b）规划方案强调步行街和商城中心外部空间组合灵活、自由布局，形成比较活泼和轻松气氛。

（c）规划方案强调既规整又灵活的建筑布局和室外空间组合，西侧为锯齿空间，注意扩大新开路精品店规模，保持地域性商业特色，最后在此规划布局基础上进行深入调整和发展。

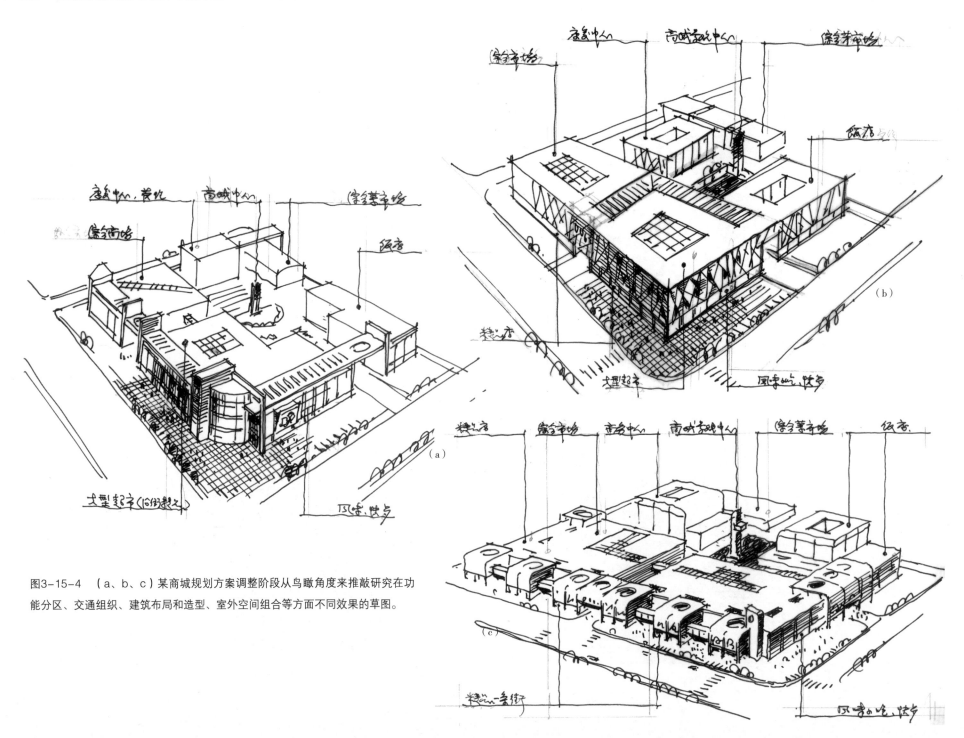

图3-15-4 （a、b、c）某商城规划方案调整阶段从鸟瞰角度来推敲研究在功能分区、交通组织、建筑布局和造型、室外空间组合等方面不同效果的草图。

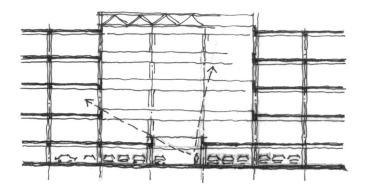

图3-15-5　从建筑剖面角度来推敲研究某商城规划方案中关于地下车库和商场中庭空间渗透效果的设计草图。

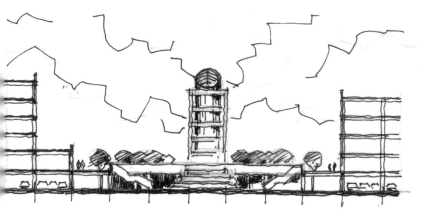

图3-15-6　从建筑剖面角度来推敲研究某商城规划方案中关于地下车库和下沉式广场景观中心空间组合关系效果的设计草图。

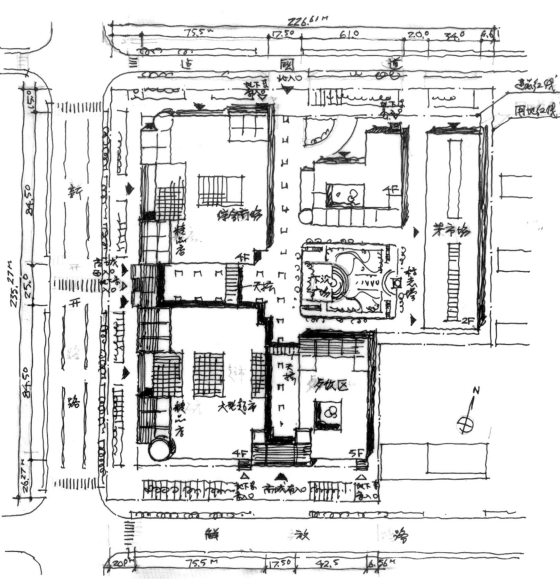

图3-15-7　某商城规划方案总平面布置在成熟阶段方案构思和设计研究草图。图中表达商城周边地段处理及出入口、道路、地下车库、广场、建筑形态与出入口、绿化景观等内容。

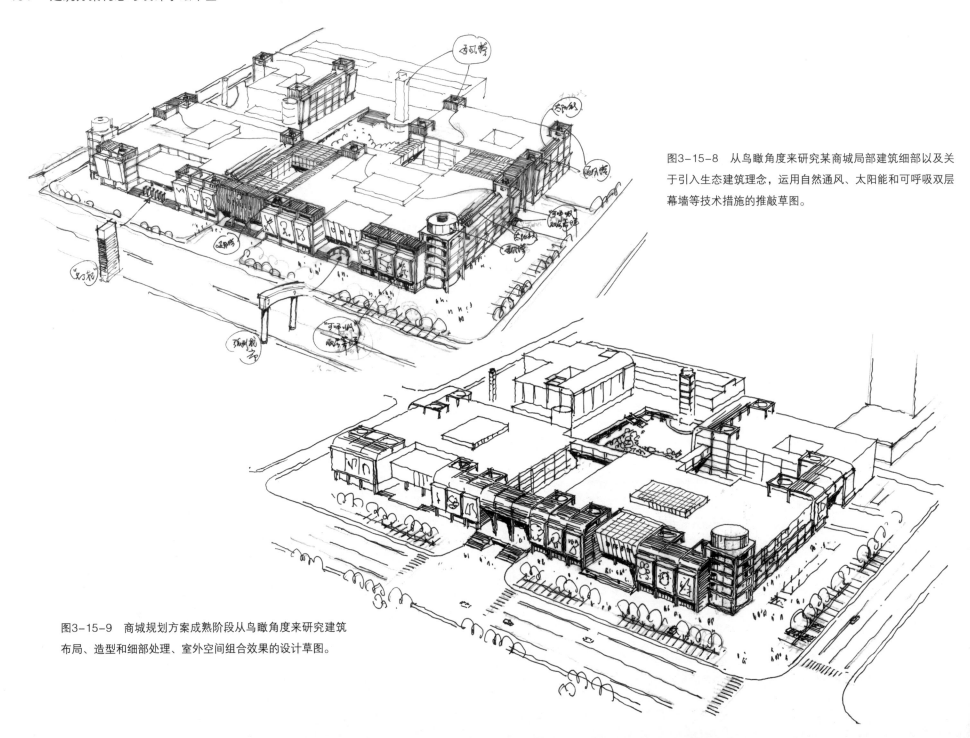

图3-15-8   从鸟瞰角度来研究某商城局部建筑细部以及关
于引入生态建筑理念，运用自然通风、太阳能和可呼吸双层
幕墙等技术措施的推敲草图。

图3-15-9   商城规划方案成熟阶段从鸟瞰角度来研究建筑
布局、造型和细部处理、室外空间组合效果的设计草图。

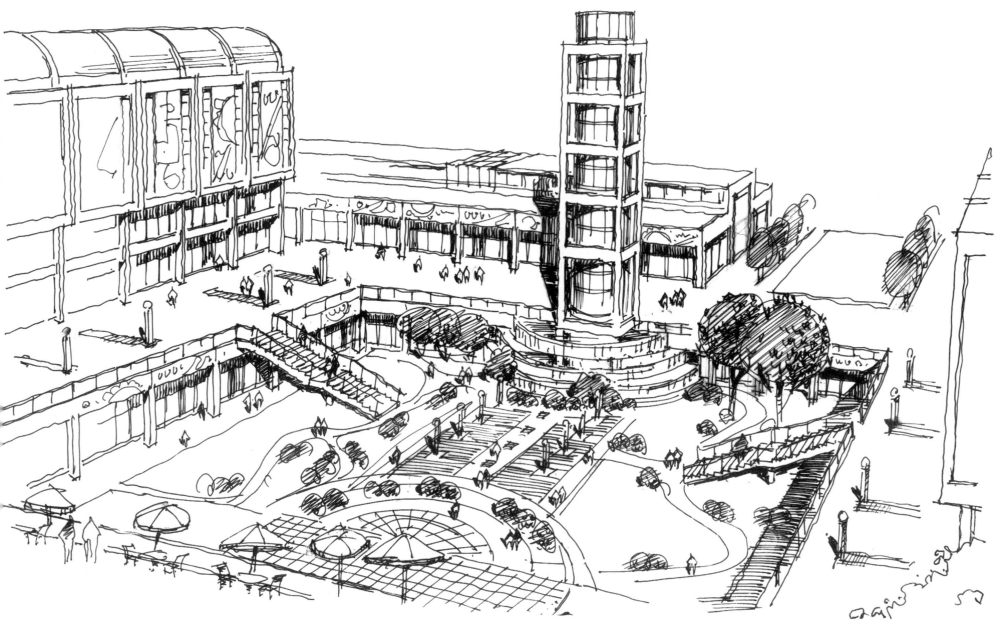

图3-15-10　某商城规划方案成熟阶段从局部鸟瞰角度来研究商城下沉式广场景观中心与地下车库组合关系的效果设计草图。

图3-15-11   某商城规划及建筑方案构思与设计成熟阶段从透视角度来研究商城建筑造型、细部处理、出入口安排和城市空间关系效果的草图。

3-16 河北工程技术高等专科学校新校区

　　工程简介：河北高专位于沧州市，原为河北著名
的水利学科高专。近期发展滞后，市内校区发展用地有
限，几经周折，最后才确定在沧州市西南新市区附近征
地约600亩，拟建设容纳6000名学生规模以工程为主的高
等专科学校。新校区场地呈矩形，南北约485米，东西长
约700米，北侧已有城市干道黄河路，东侧为规划道路，
南临已建成的沧州师专，场地偏南有东向西流向的水渠
通过，渠内常年有水。场地西北有局部4~5米深坑和部
分果树，大部分场地平坦有利建设。校方要求建设具有
地方特色高校校园。沧州规划管理部门要求校园规划
结构与南临的沧州师专协调，建筑体量不宜过小，尽量
集中。

　　构思主题："寻找失落的地域特征"

　　过去对沧州历史知晓甚少，仅是"林冲火烧草料
场"、"铁狮子"等，但通过查阅地方资料，历史记
载沧州古代为"九河汇合入海必经之地"，有黄骅港
位于沧州东侧离海边较近，境内湿地纵横，由于常年
华北地区缺水，这地域性湿地特征逐渐消失。近期沧
州市规划也有挖掘地域特征开发水源恢复湿地体系的
规划设想。同时结合场地有横跨校园的水渠，从而启
发作者，该校园构思主题内容为"寻找失落的地域特
征"。不可否认，当前华北缺水现象很难解决，恢复
湿地体系确有难度，但是学校水利专业人才济济，根
据校园规划提出要求，给具体实施合理确定水渠常年
水位高程及调节技术措施、桥梁架设、水渠与教学区
中心广场水池连通和中水系统结合等技术问题创造了
有利条件。

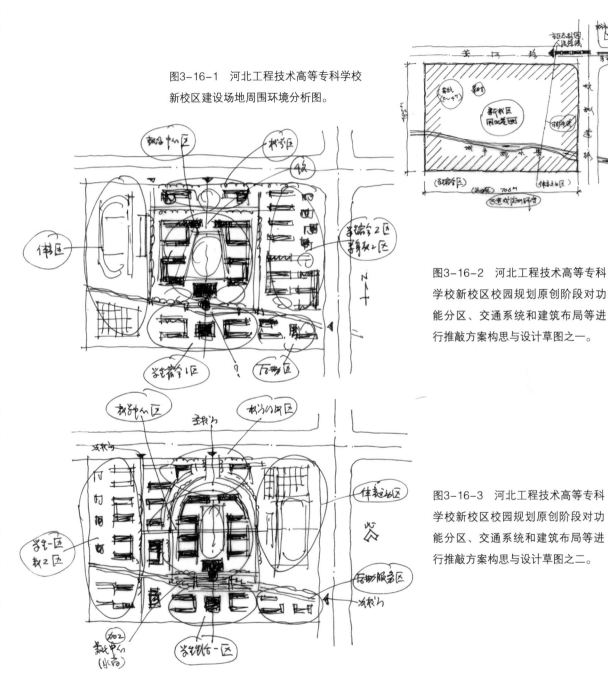

图3-16-1 河北工程技术高等专科学校
新校区建设场地周围环境分析图。

图3-16-2 河北工程技术高等专科
学校新校区校园规划原创阶段对功
能分区、交通系统和建筑布局等进
行推敲方案构思与设计草图之一。

图3-16-3 河北工程技术高等专科
学校新校区校园规划原创阶段对功
能分区、交通系统和建筑布局等进
行推敲方案构思与设计草图之二。

图3-16-4 教学中心区的道路结构、校门广场、教学
区中心广场和建筑布局等内容的规划方案构思与设计
从原始图形深入发展与调整过程的草图。

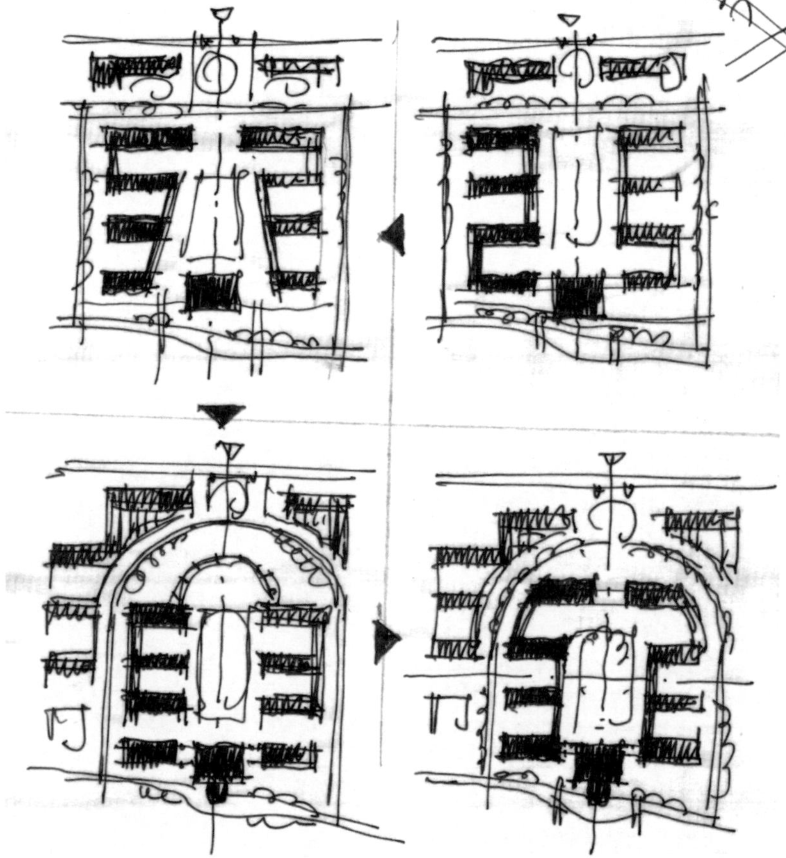

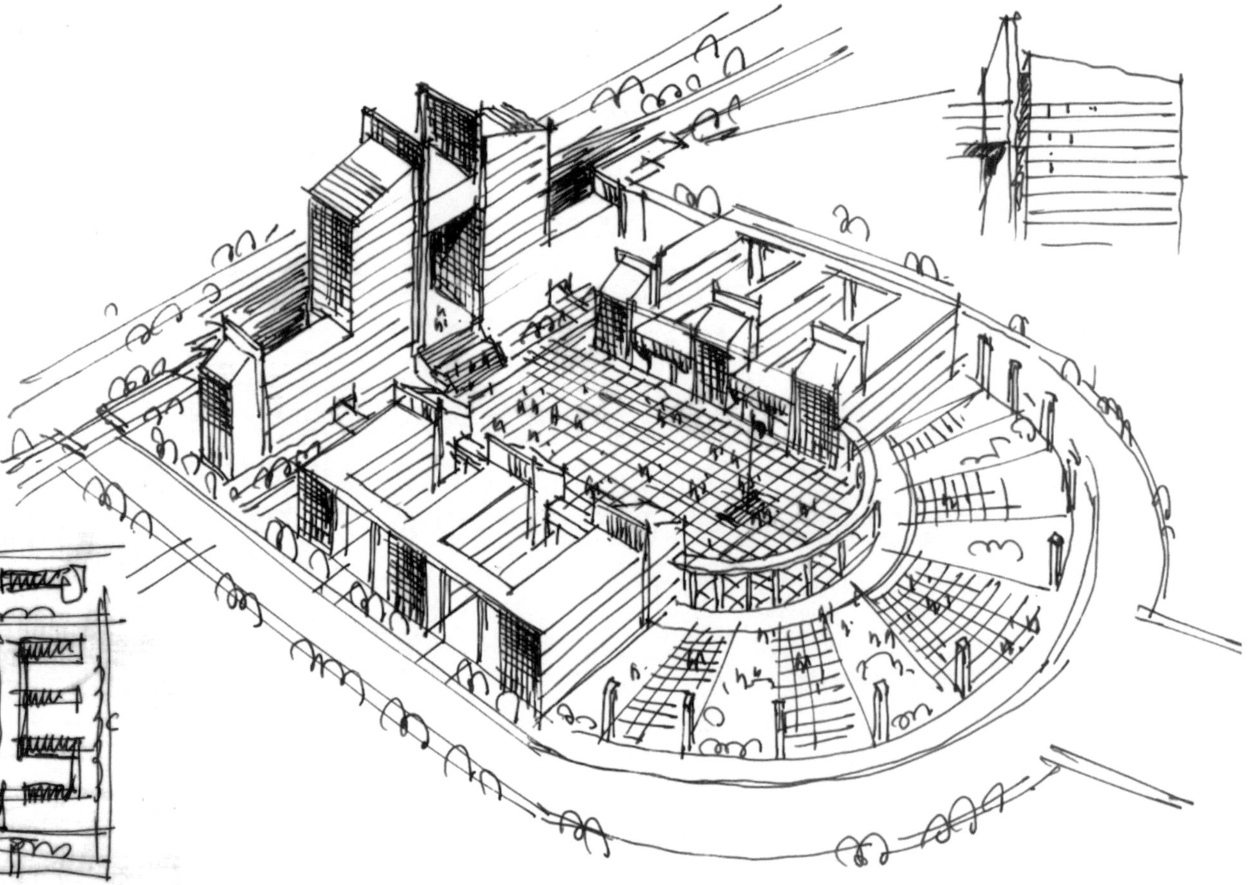

图3-16-5 河北工程技术高等专科学校新校区校园规划调整阶段从鸟瞰角度对
校园教学中心区地段道路形态、建筑布局、外部空间和校门关系等内容进行推
敲过程的方案构思与设计草图之一。

图3-16-6　河北工程技术高等专科学校新校区校园规划调整阶段从鸟瞰角度对
校园教学中心区地段道路形态、建筑布局、外部空间和校门关系等内容进行推
敲过程的方案构思与设计草图之二。

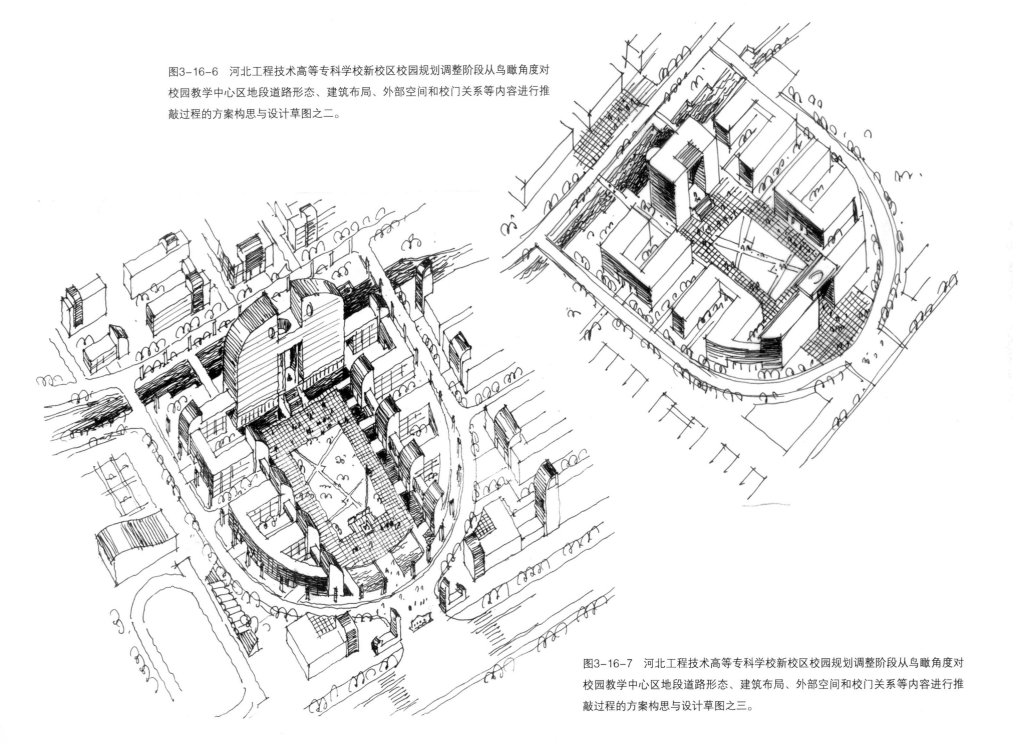

图3-16-7　河北工程技术高等专科学校新校区校园规划调整阶段从鸟瞰角度对
校园教学中心区地段道路形态、建筑布局、外部空间和校门关系等内容进行推
敲过程的方案构思与设计草图之三。

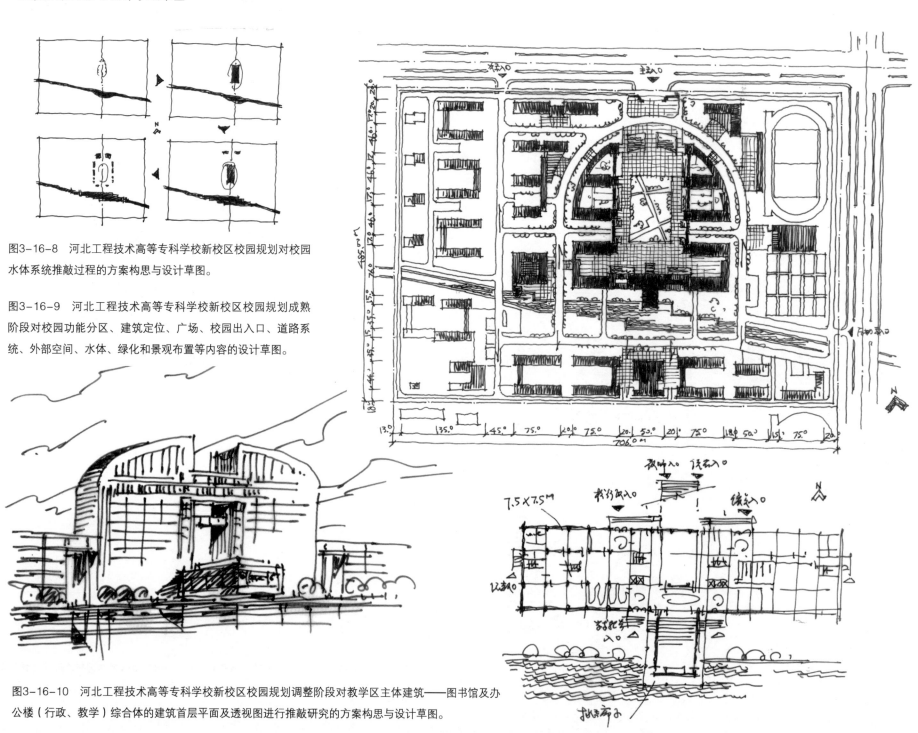

图3-16-8   河北工程技术高等专科学校新校区校园规划对校园
水体系统推敲过程的方案构思与设计草图。

图3-16-9   河北工程技术高等专科学校新校区校园规划成熟
阶段对校园功能分区、建筑定位、广场、校园出入口、道路系
统、外部空间、水体、绿化和景观布置等内容的设计草图。

图3-16-10   河北工程技术高等专科学校新校区校园规划调整阶段对教学区主体建筑——图书馆及办
公楼（行政、教学）综合体的建筑首层平面及透视图进行推敲研究的方案构思与设计草图。

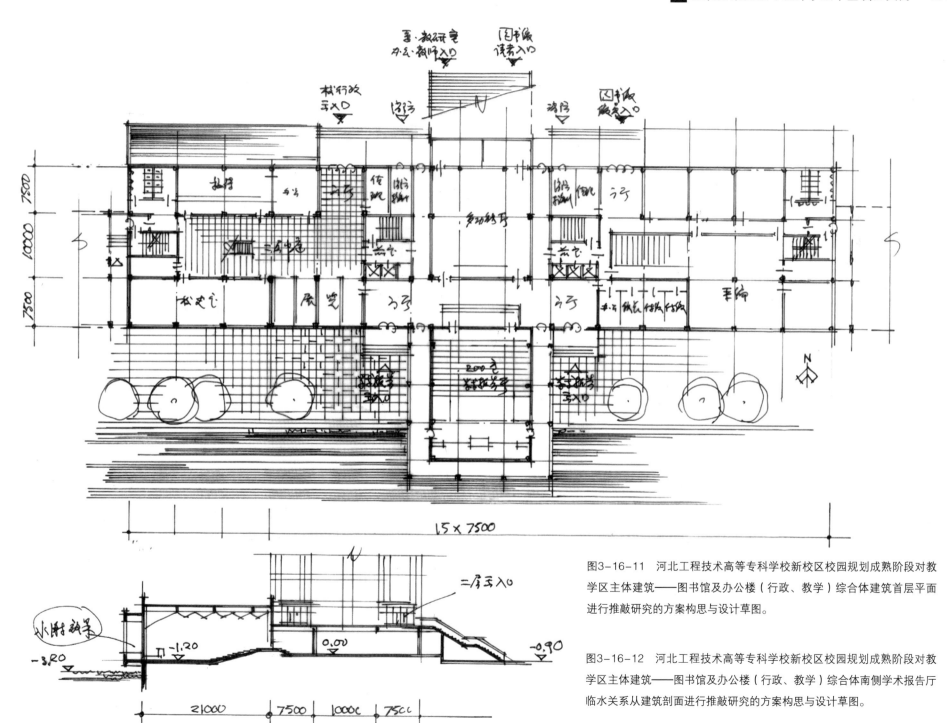

图3-16-11　河北工程技术高等专科学校新校区校园规划成熟阶段对教学区主体建筑——图书馆及办公楼（行政、教学）综合体建筑首层平面进行推敲研究的方案构思与设计草图。

图3-16-12　河北工程技术高等专科学校新校区校园规划成熟阶段对教学区主体建筑——图书馆及办公楼（行政、教学）综合体南侧学术报告厅临水关系从建筑剖面进行推敲研究的方案构思与设计草图。

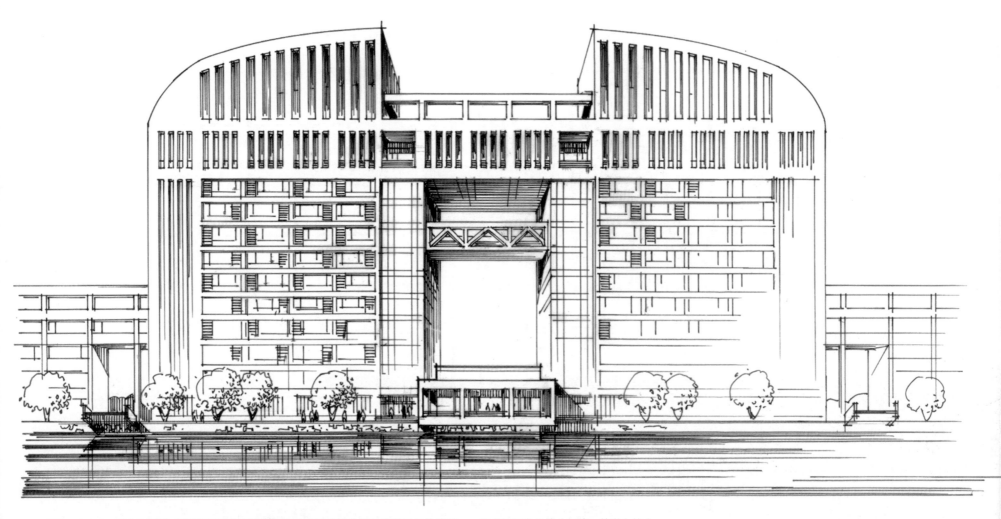

图3-16-13 河北工程技术高等专科学校新校区校园规划成熟阶段对教学区主体建筑——图书馆及办公楼（行政、教学）综合体建筑南立面和学术报告厅临水关系进行推敲研究的方案构思与设计草图。

图3-16-14　河北工程技术高等专科学校新校区校园规划成熟阶段对教学区"湿地与群帆"中心广场的外部空间、建筑造型、广场主要设施等进行推敲研究的方案构思与设计草图。

3-17　石家庄市某居住小区规划

项目简介：某居住小区位于石家庄市区东南，南临经济开发区，规划总用地14.6公顷。地段呈矩形，南北北长258米，东西长374米，北临城市主要干道，道路南侧留有50米宽绿化隔离带，地段西、南侧均为通向开发区道路，东侧为规划道路，规划用地规整，交通方便，场地平整，有利建设。总建筑面积48万平方米，其中住宅约占38万平方米。外资开发商要求建设面向社会多层次需求住宅，并具有先进设计理念和特色明显的高层住宅小区。

构思主题："构建立体交通体系和绿色建筑理念"之一

当前居住小区规划与设计问题很多，作者通过当地居住小区调研和走访，居住小区一般考虑周围环境关系，小区自身环境优化，适合市场需求的户型和建筑造型新颖等一些浅层次的问题居多，为此作者抓住解决居住小区交通干扰和引进绿色建筑理念作为突破口，建设高科技和高品位的立体交通和绿色建筑的居住小区作为开发商所祈望的先进的"品牌特色"。

立体交通体系——当前居住小区载重车、小汽车、自行车行走和停放缺乏严密组织和管理，安全事故及民事纠纷时有发生，严重影响居住小区环境质量。为此在居住小区采用立体交通体系，从而形成"无车居住空间"。

具体内容：其一，住户私家小车从小区外侧进出口全部进入地下车库，地下停放后可直接进入单元电梯间。来访者小车或业主临时停车安排在居住小区内北侧商业街两侧，幼儿园停车也在此处。为了缩短骑自行车者步行至单元门距离，在小区内南北向"S"型道路两侧安排了存放自行车棚，自行车严禁进入东西两组"无车居住空间"。

绿色建筑理念——绿色建筑设计理念内容很广，结合现实情况内容引入不可能面面俱到，拟采用其一：太阳能利用，以户为单位提供日常使用热水，冬季可用电辅助加热。其二：发挥以植物为主的生态功能，除了在居住小区的绿化用地进行科学设计和管理，提高小区生态环境质量外，同时对高层住宅本身进行垂直绿化，扩大其生态、绿化和景观效应。其三：合理选择高层住宅建筑平面形式、布局和间距，塑造良好的室外通风和日照环境。

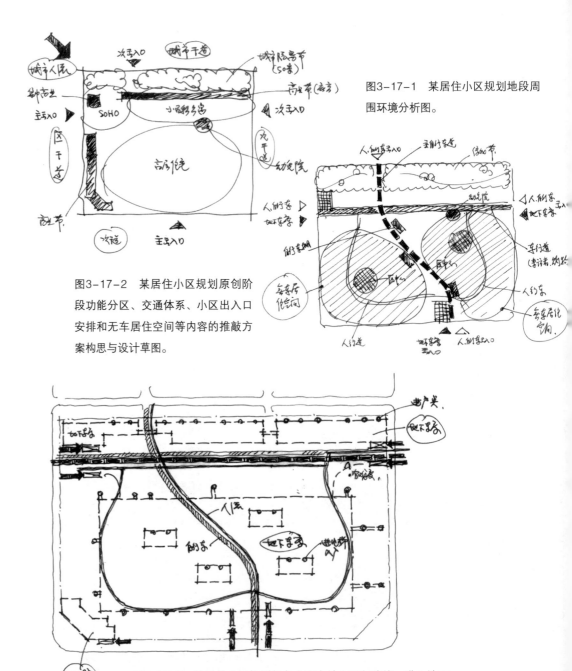

图3-17-1　某居住小区规划地段周围环境分析图。

图3-17-2　某居住小区规划原创阶段功能分区、交通体系、小区出入口安排和无车居住空间等内容的推敲方案构思与设计草图。

图3-17-3　某居住小区规划住户小汽车地上通行路线、进入地下车库、进入单元电梯间、自行车通行路线、人行路线等内容的推敲方案构思与设计草图。

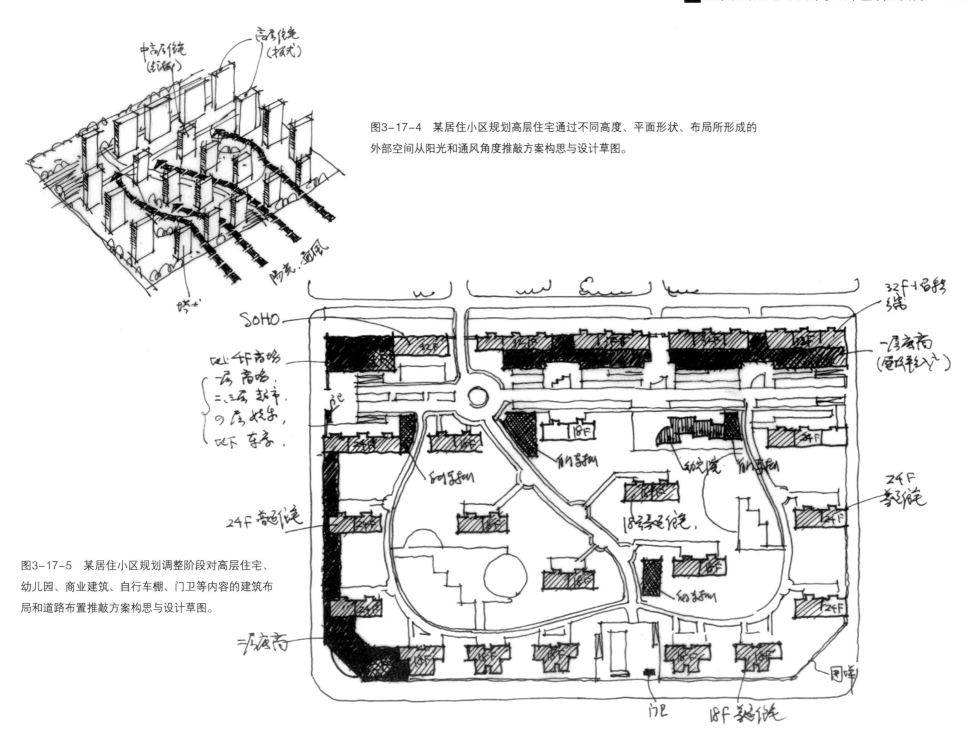

图3-17-4　某居住小区规划高层住宅通过不同高度、平面形状、布局所形成的
外部空间从阳光和通风角度推敲方案构思与设计草图。

图3-17-5　某居住小区规划调整阶段对高层住宅、
幼儿园、商业建筑、自行车棚、门卫等内容的建筑布
局和道路布置推敲方案构思与设计草图。

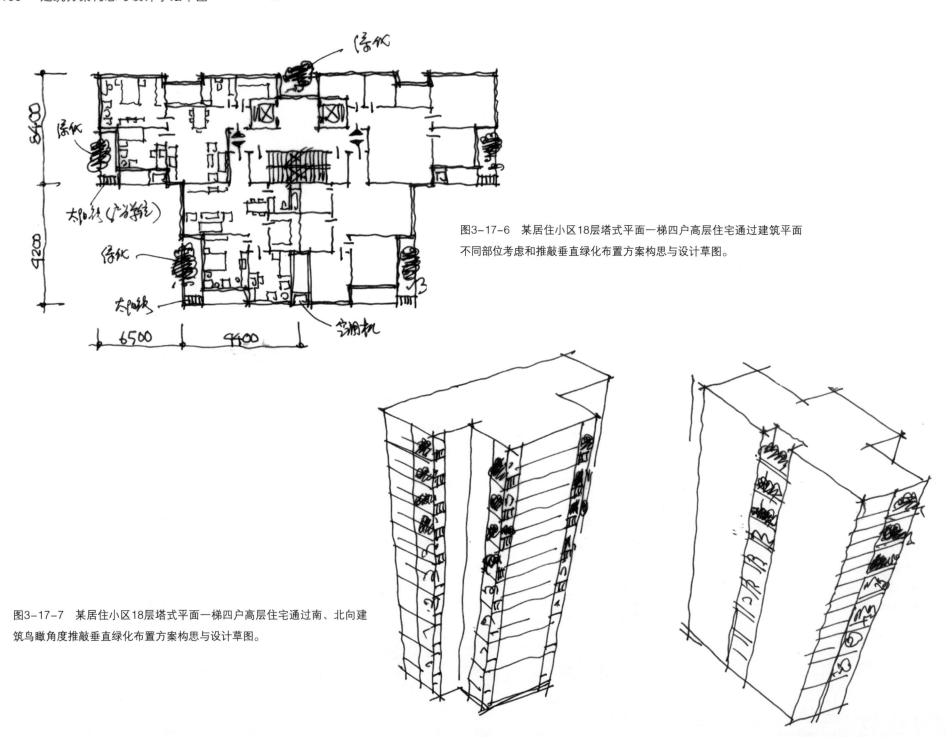

图3-17-6   某居住小区18层塔式平面一梯四户高层住宅通过建筑平面
不同部位考虑和推敲垂直绿化布置方案构思与设计草图。

图3-17-7   某居住小区18层塔式平面一梯四户高层住宅通过南、北向建
筑鸟瞰角度推敲垂直绿化布置方案构思与设计草图。

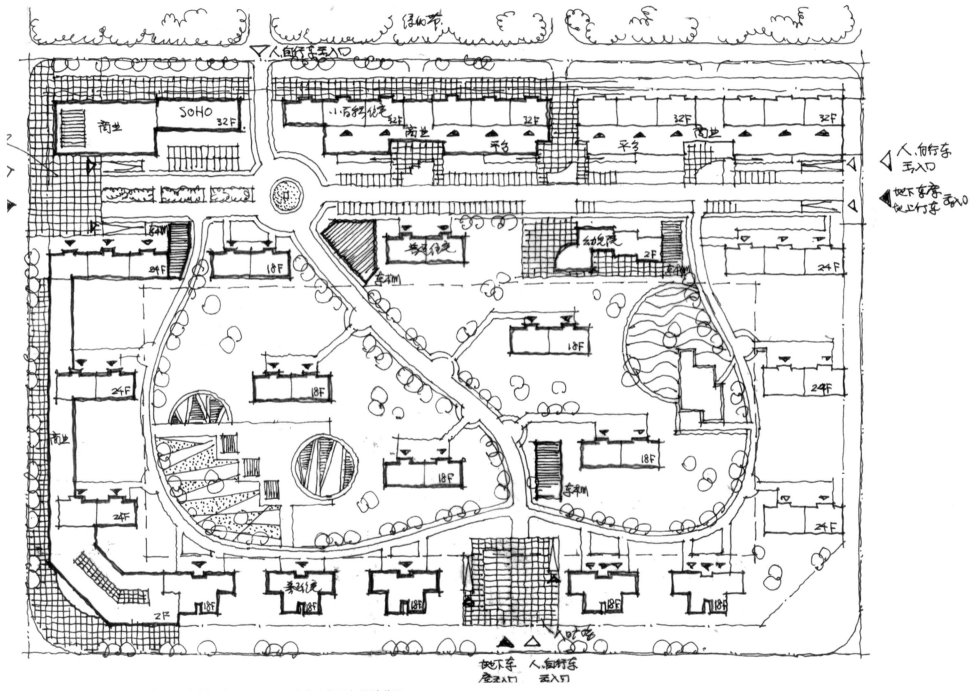

图3-17-8　某居住小区成熟阶段总体规划平面图深入研究方案构思与设计草图。

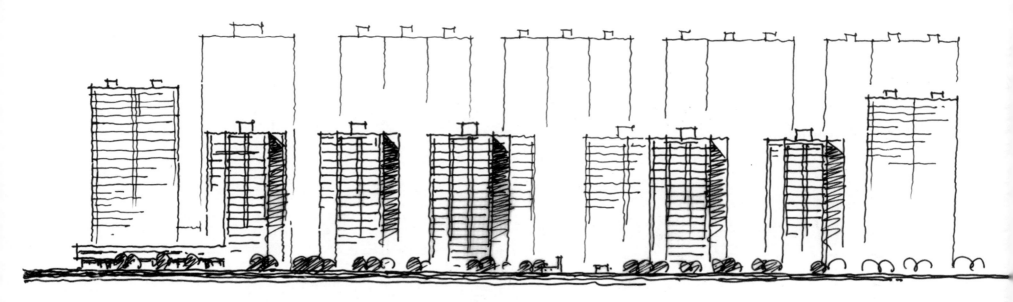

图3-17-9（a）   某居住小区规划成熟阶段沿街南立面建筑体量与造型推敲方案构思与设计草图。

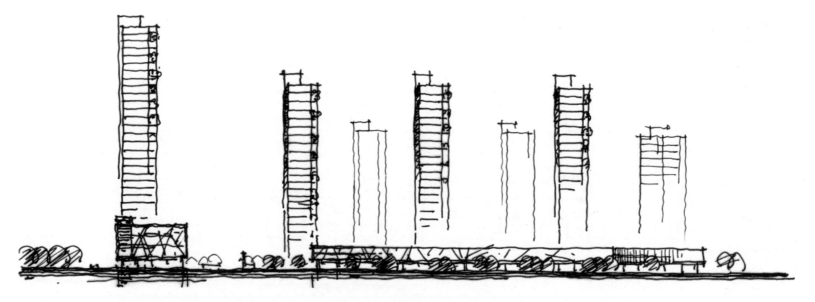

图3-17-9（b）   某居住小区规划成熟阶段沿街西立面建筑体量与造型推敲方案构思与设计草图。

图3-17-10　某居住小区成熟阶段总体规划沿街南立面从建筑透视角度深入研究方案构思与设计草图。

3-18　河北工程大学南校门区规划和图书馆扩建

项目简介：河北工程大学地处邯郸市南端，该校园原为河北工业大学1971年开始建设的搬迁校区（作者参与了规划和设计）。根据邯郸市调整规划要求河北工程大学主校门移至校园南端，为此校方征地110亩，扩建校本部南校门区，近期建设校门、广场和新图书馆等。南校门区面临城市南环路，中间为50米宽绿化隔离带，交通方便，西侧紧邻三栋教学楼和三栋住宅，校园西面与小路之隔为本校"三本学院"。新建图书馆建筑面积3万平方米，校方提出与北侧老图书馆可保持相对独立关系，用架空走廊联系即可。校方要求南校门区规划与设计要体现创新精神和运用新的建筑科技手段。

构思主题："构建立体交通体系和绿色建筑理念"之二

通过现场校园调研，新南校门区自身的人流量大而集中，同时加上西侧近年来建设的教学楼群密度过大，交通拥挤，而该区人流疏散均要由西向东通过南校门区。为此南校门区规划拟采用架空通廊联系多栋建筑，形成一个教学、实验、图书馆、学术交流等内容的建筑综合体。建立一个立体交通体系，投资可能要增加，但对解决南校门区的交通、安全、资源共享和景观等无疑是理想的对策和新的校园建设理念。

作者曾多年参与高校图书馆设计实践，认识到当前高校图书馆建设关键应引入绿色建筑设计理念，解决内部空间环境质量问题。为此新图书馆建筑方案采用太阳能技术、热缓冲单元和自然通风等技术措施提高图书馆环境质量。

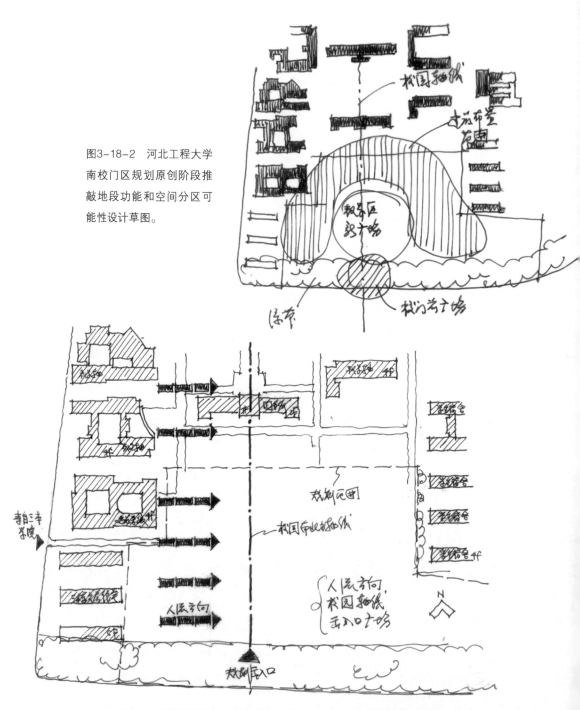

图3-18-2　河北工程大学南校门区规划原创阶段推敲地段功能和空间分区可能性设计草图。

图3-18-1　河北工程大学扩建南校门区周围建筑、人流、道路、校园轴线等分析图。

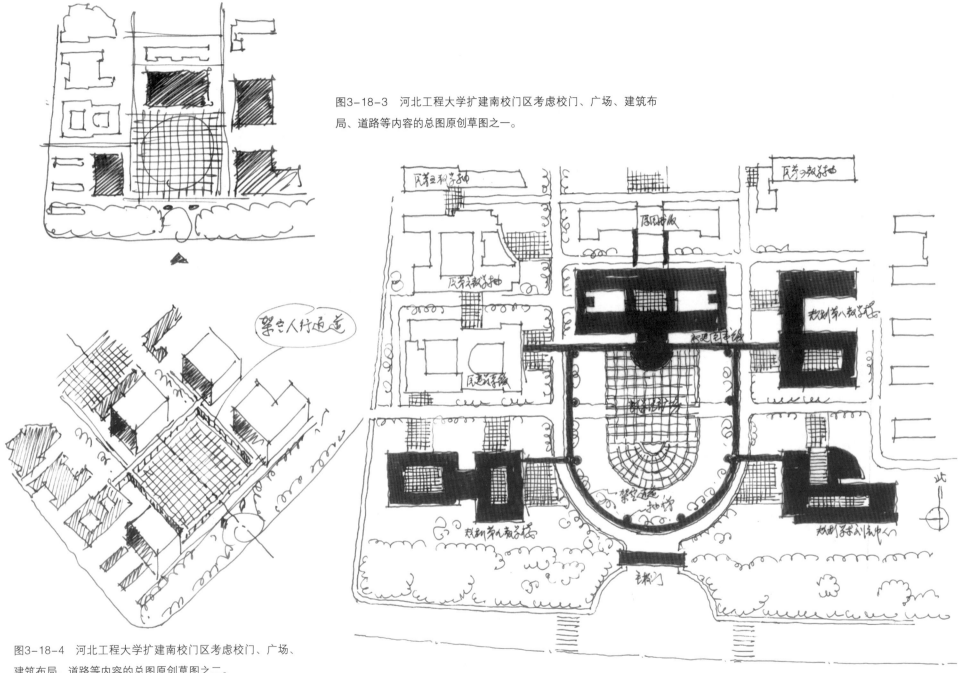

图3-18-3　河北工程大学扩建南校门区考虑校门、广场、建筑布局、道路等内容的总图原创草图之一。

图3-18-4　河北工程大学扩建南校门区考虑校门、广场、建筑布局、道路等内容的总图原创草图之二。

图3-18-5　河北工程大学南校门区总平面调整阶段推敲设计草图。

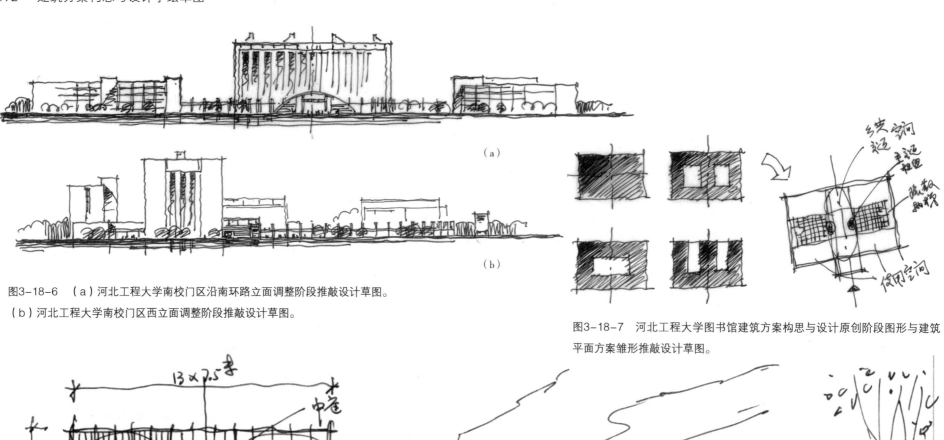

图3-18-6　（a）河北工程大学南校门区沿南环路立面调整阶段推敲设计草图。

（b）河北工程大学南校门区西立面调整阶段推敲设计草图。

图3-18-7　河北工程大学图书馆建筑方案构思与设计原创阶段图形与建筑平面方案雏形推敲设计草图。

图3-18-8　河北工程大学图书馆建筑方案调整阶段建筑平面推敲设计草图。

图3-18-9　河北工程大学图书馆建筑方案调整阶段对建筑造型、竖向热缓冲玻璃窗单元建筑立面各部分组合处理、架空通廊等内容推敲设计透视草图。

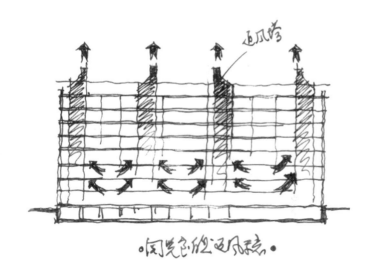

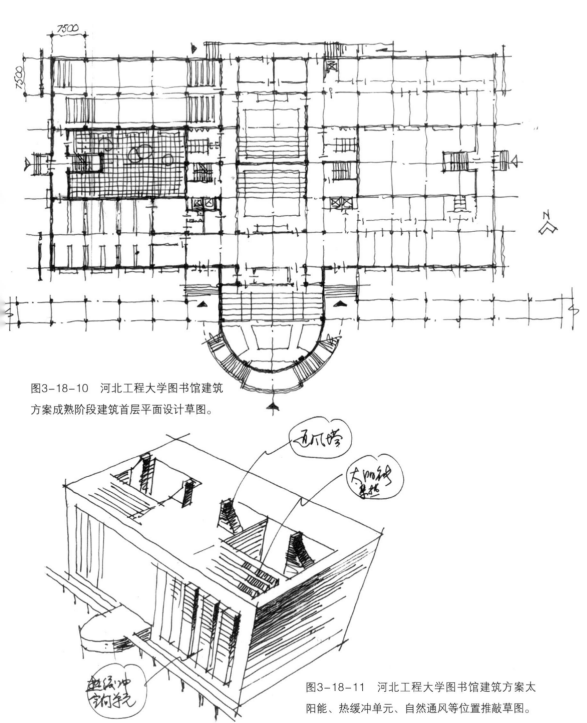

图3-18-10　河北工程大学图书馆建筑
方案成熟阶段建筑首层平面设计草图。

图3-18-11　河北工程大学图书馆建筑方案太
阳能、热缓冲单元、自然通风等位置推敲草图。

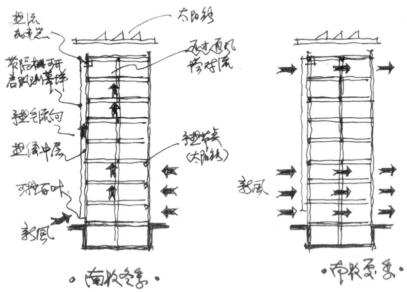

图3-18-12　河北工程大学图书馆建筑方案从不同建筑剖面
推敲太阳能、热缓冲单元、自然通风等位置和内容设计草图。

图3-18-13　河北工程大学图书馆建筑方案成熟阶段建筑透视草图。

4 作者同窗的建筑方案构思与设计手绘草图项目实例

4-1　王齐凯（天津大学建筑设计研究院）
建筑方案构思与设计草图手稿

4-1-1　科技馆

　　视地形、环境为建筑之母体，其基因的良性特征应遗传于建筑子体之中，可成就建筑子体内外诸多属性在互融之中达到可望的和谐与统一。

1. 门厅

2. 接待处

3. 报告厅（多功能）

4. 休息厅

5. 会议室

6. 报告人员休息室

7. 展览厅

8. 科技活动室

9. 展品制作

10. 阅览室

11. 采编室

12. 档案室

13. 资料室

14. 复印室

15. 快餐厅

16. 食品加工

17. 办公室

18. 计算机房

19. 水池影壁

20. 同译室

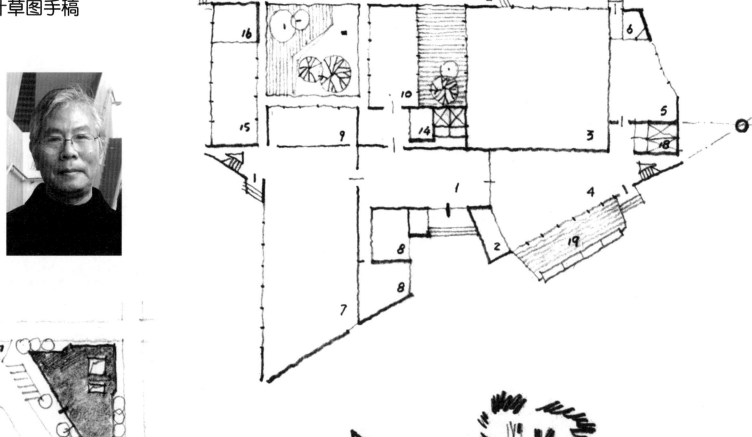

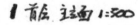

科技馆透视图

4-1-2 社区文化馆

视时间与空间为建筑之生命，在满足现时要求前提下，动态设计理念可以建筑在时间与空间上得以适宜的增长与延续，而其形象及特质仍保完整、方形庭院为后期增设采光屋顶提供方便，卫生间另有采光通风小天井，使其增设采光屋顶成为可能。

1.门厅

2.多功能活动厅

3.休息厅

4.图书阅览室

5.展厅及展品制作（二楼为书法绘画）

6.健身房（二楼为棋类台球）

7.会议室

8.办公室

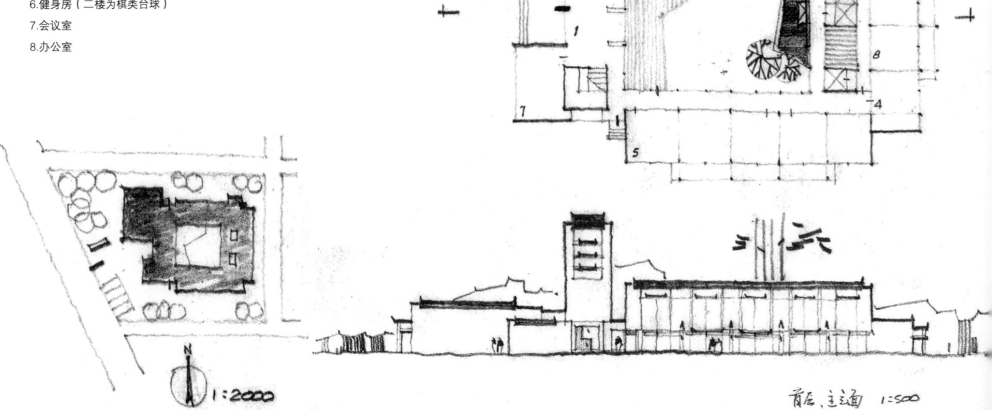

社区文化馆透视图

4-1-3　高层区场地设计

化弊为利，弱劣强优。

在场地之南已建18层板式高层，遮挡新建高层的观海景观视线，为此将新建高层扭转45度，即可获得如下之利：

（1）避开遮挡观海景观视线

（2）双塔之间防火间距为13米，因相对面较窄且为实墙，故室内外均无压迫感

（3）双塔虽然很近，但室内对外景观、采光均无不良影响

（4）新建高层均有两个边的日照朝向

（5）使街道空间向外扩张渗透，减弱街道空间的封闭性。

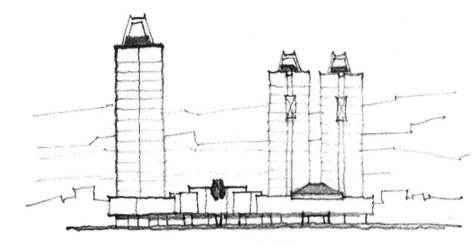

北立面图

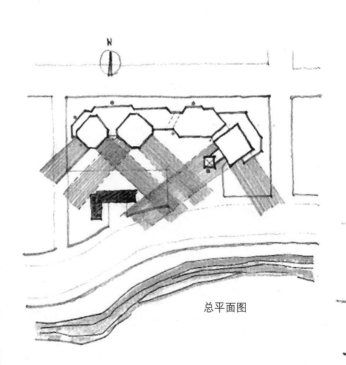

总平面图

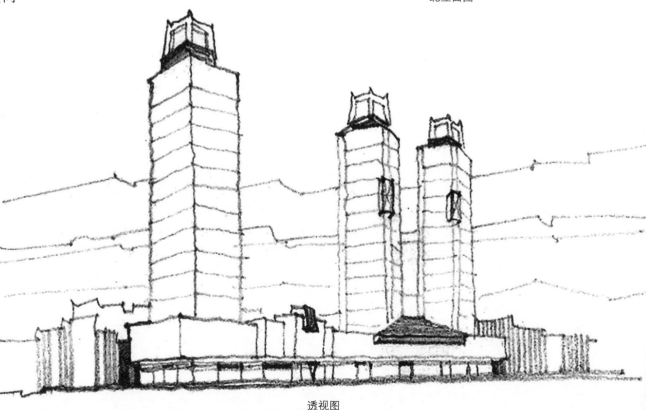

透视图

4-2　李拱辰（河北省建筑设计研究院）
筑方案构思与设计草图手稿

4-2-1　晋冀鲁豫边区革命纪念馆

　　解放战争时期，晋冀鲁豫中央局在河北武安西部的一座山村里。村里不少的宅院，曾经是刘伯承、邓小平、薄一波等老一辈革命家生活和工作过的地方。

　　青砖、青瓦、石板路是当地民居环境的突出特点。

　　设计从老一辈革命家生活和战斗在人民群众中，与群众鱼水情深的事件本质出发，以当地民居符号特征为创作手段，选址在村镇入口的优势地段，总体构思融入村镇固有肌理，成为进村游览路线起点。强化了村镇入口古阁、古槐等构成的古朴氛围也成为了新农村建设的亮点。

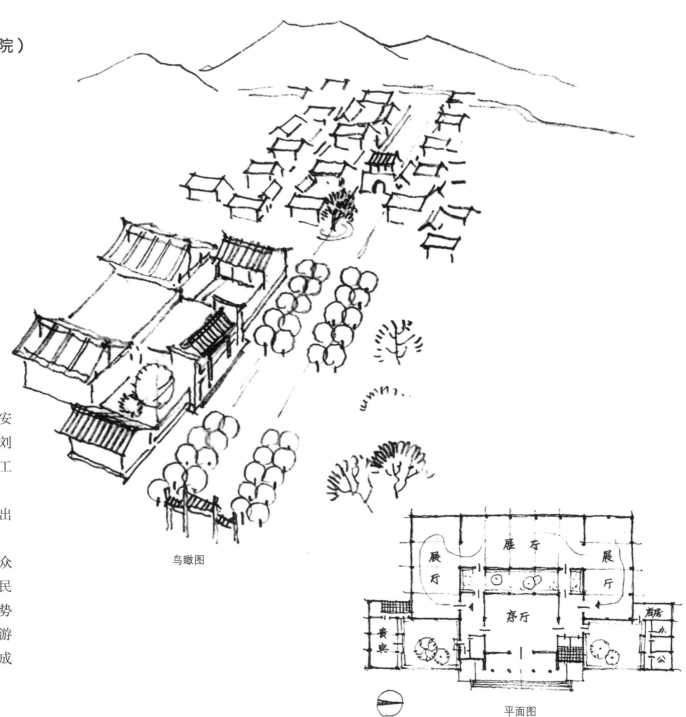

鸟瞰图

平面图

石家庄文化中心

晋冀鲁豫边区革命纪念馆

透视图

4-2-3 泥河湾博物馆

泥河湾考古发现区域位于桑干河两岸绵延起伏的丘陵地带。丰富的地层断面中的文化层，传达着远古人类活动的信息。这些场景提供给我们事件发生的场地特征和地域文化背景。用这些形象作为泥河湾博物馆的造型，最能传达其特有的地域特征。方案以写意的方法表现桑干河以及高低跌宕的地形地貌，高耸的人字则蕴含"东方人类家园"的含义，同时也打破了低矮的横向构图，产生纵横交错的形象。弧形建筑围合的圆形广场，则与建筑造型作为一个统一体进行构思的。

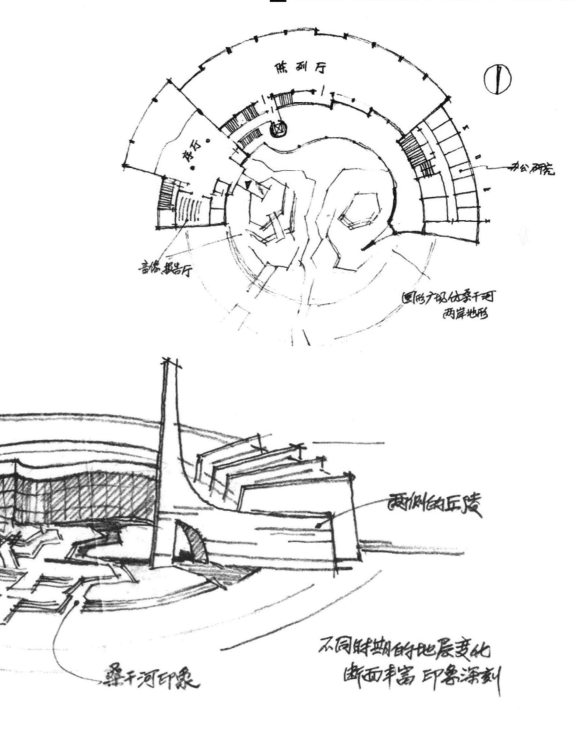

4-3 徐显棠（深圳华艺设计顾问有限公司） 建筑方案构思与设计草图手稿

4-3-1 奈良中国文化村"异国情调区" 构思草图

奈良中国文化村"异国情调区"构思草图

4-3-2 深圳福田中心

深圳福田中心17号地金融中心区环境构思草图

4-3-3　石家庄劝业场

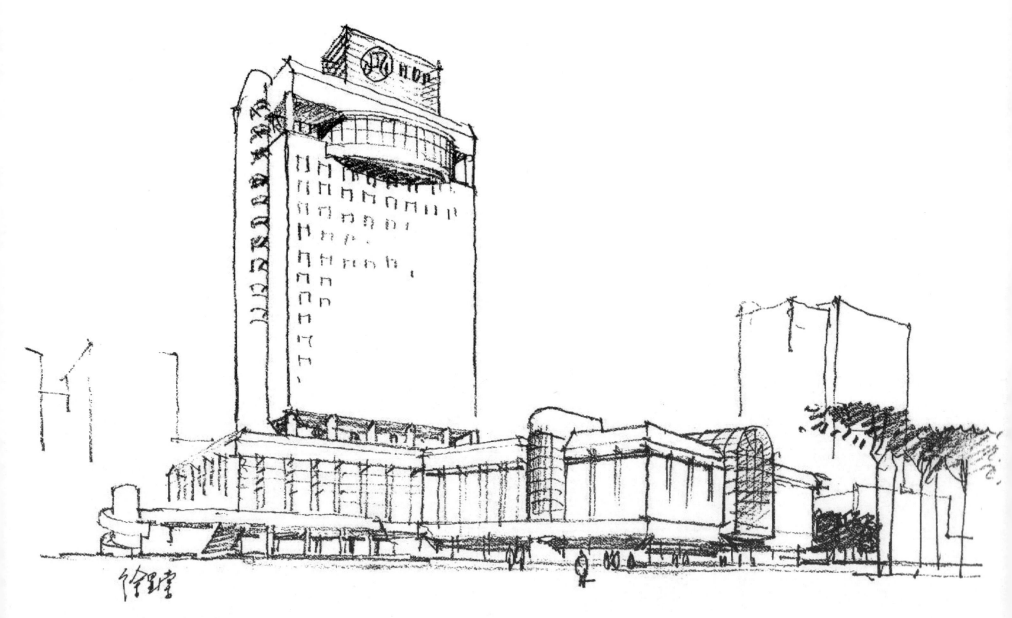

石家庄劝业场方案初始草图

4-4 张善荣（河北工业大学）建筑方案构思与设计草图手稿

4-4-1 河北化工学院图书馆（老校区）

该项工程为中型规模高校图书馆，场地处于校园主干道西侧，道路东侧为体育运动场，考虑其对图书馆干扰，除了建筑适当后退形成广场外，临近道路建筑还进行退蹬处理，这不仅丰富了建筑造型，也改善了广场日照条件，广场北侧学术报告厅及入口柱廊的扭转处理，不仅打破了广场呆板的界面，同时对图书馆主出入口起到引导作用。

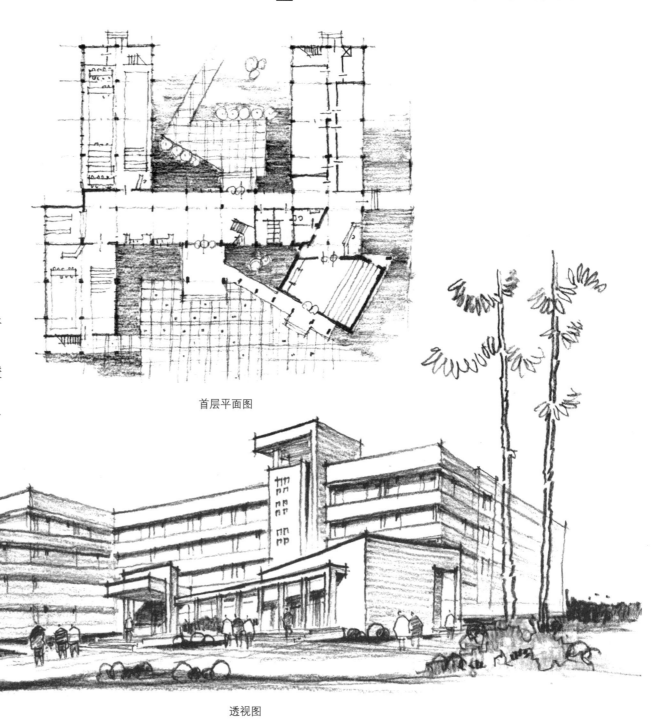

首层平面图

透视图

4-4-2　天津北辰区文化活动中心

文化活动中心地处北辰区中心地段，南侧为影剧院，北侧为规划区级办公楼，场地四周已形成环形道路。该项目总建筑面积为3.30万平方米，内容组成多而杂，包括：老干部活动中心、青少年活动中心、图书馆、科技馆、新华书店、文化局办公楼、多功能厅和地下车库等。为此建筑布局围绕南北轴线布局，为了保持三组建筑空间"隔而不断"效果，文化活动中心中部采用架空多功能厅、绿化通道广场和北侧主体建筑……处理手法。同时东西两组建筑组合体分别采用了南低北高、东静西闹的分区安排，很好地解决了合理功能分区、功能组织、出入口安排、通风采光等问题。

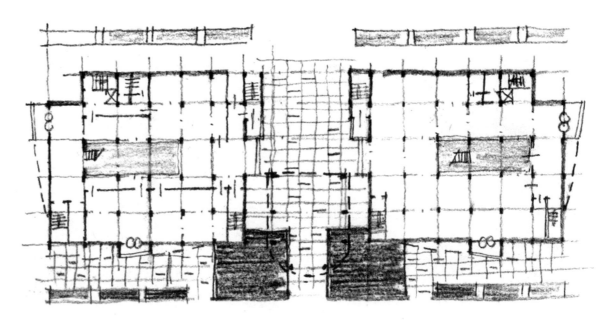

首层平面图

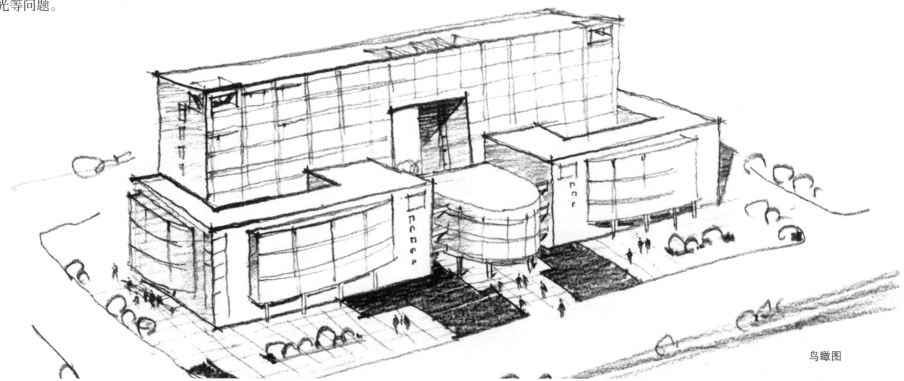

鸟瞰图

4-4-3 国画家林凡画苑

林凡画苑为私人小型创作、展览和生活的场所，地处天津市某单位湖面南侧，画苑西北侧紧邻别墅多栋。根据场地环境和主人爱好，接待客人和主人出入口分别安排在西侧和东侧，建筑为两层，使用功能小而全，画室南侧围合小庭院，以增加建筑空间层次，建筑造型及细部处理采用中国传统民居形式，反映了画家的爱好和品格。

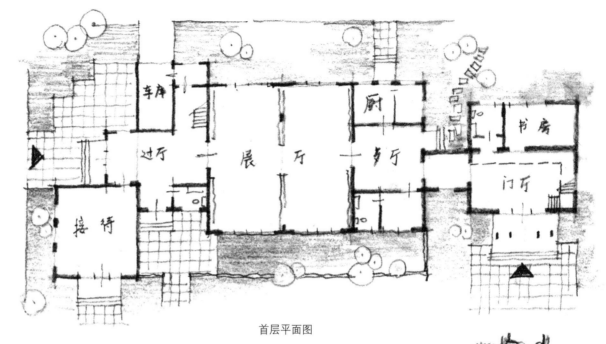

首层平面图

南立面图

4-5　董辉（汕头市建筑设计院）
建筑方案构思与设计草图手稿

红色　红色　白色　壁画

4-5-1　汕头市妇女儿童活动中心　　　透视图

透视图

4-5-2　郑州市二七宾馆

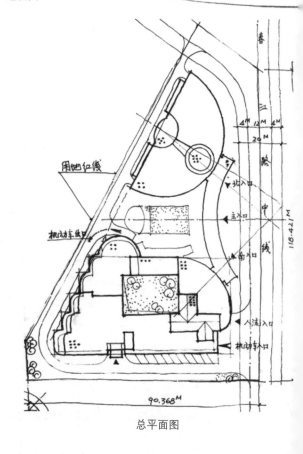

总平面图

4-5-3 广东惠来慈云中医院设计方案

这项工程是一位港商为自己家乡捐赠的工程项目，用地面积8757平方米，南北长139米，东西宽63米，总平面设计构思：门诊部、住院部、辅助医疗、职工宿舍几大功能部分。门诊部沿葵和路设置，其后的住院部入口设在东华路上，辅助医疗安置在便于门诊与住院之间，为争取更多好朝向，整个方案沿45度方格网布置，取得了变化丰富的建筑空间。庭院式布局更适合医院建筑的需求，体现"环境就是医疗资源"的设计理念。

总建筑面积　8805m²
其中：门诊楼　30080.2m²
　　　住院楼　3605.42m²
　　　附属楼　152m²
　　　宿舍楼　2040m²（24套）
　　　床位数　120床

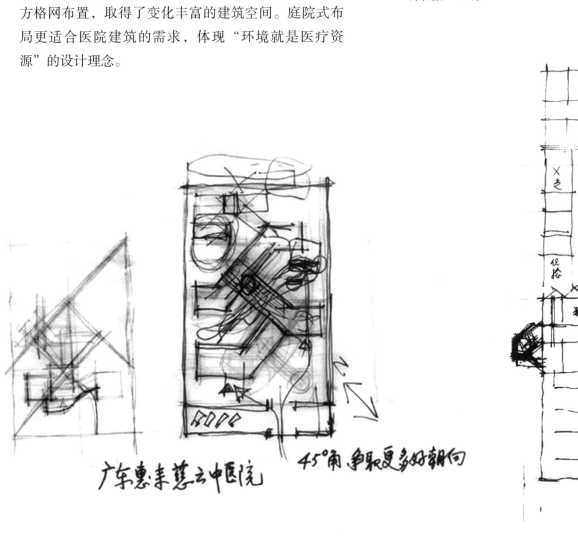

广东惠来慈云中医院　　45°南·争取更多好朝向

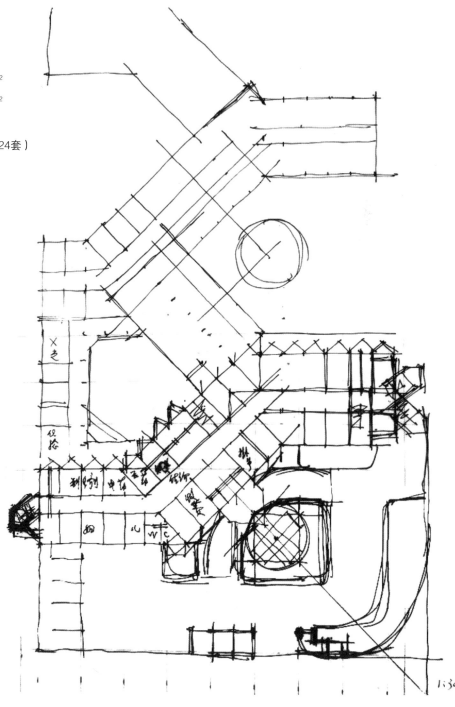

广东惠来慈云中医院设计方案鸟瞰图

广东惠来慈云中医院设计方案透视图

4-6　张振山（同济大学）
建筑方案构思与设计草图手稿

4-6-1　青海省德令哈市青海西
　　　 州地税局

　　该建筑地处海拔2800米的高原高寒地带，为了改善环境，建筑中庭处理为一个丰富的室内花园，创造了一个多层的绿化休闲空间。建筑中庭的阳光可使北边带有南向落地窗的办公室改善日照环境。为了打破南立面单调感，设置了一个垂直"缝"，室内为等候休息的绿化小空间。

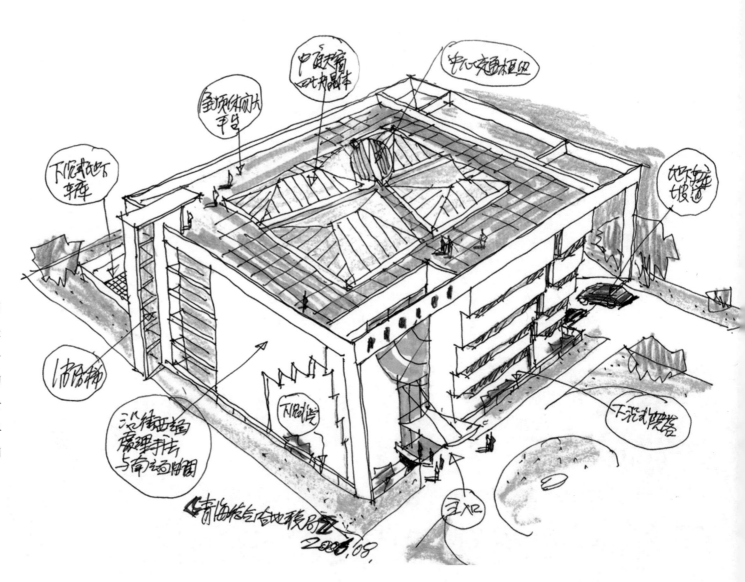

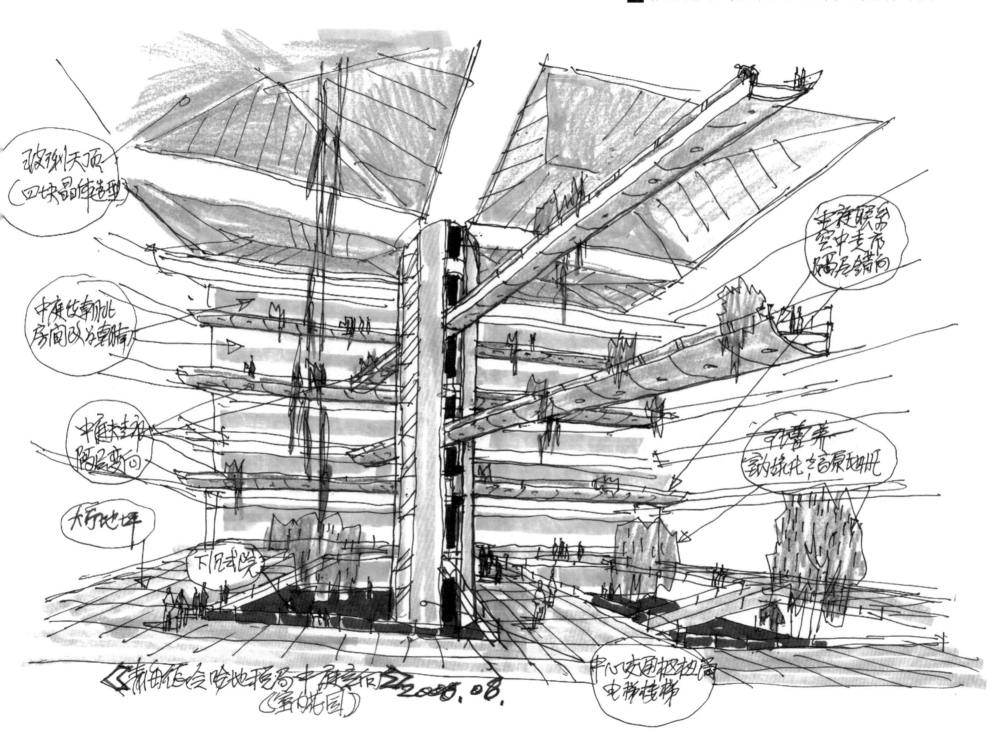

4-6-2 德国鲁尔大学校园内的中国园林建筑——潜园

"潜园"是作者1987年在慕尼黑学习期间，受鲁尔大学校长邀请进行"潜园"规划和设计，并参与了施工，该草图为校方要在"潜园"出口处扩建一个茶室的建筑方案构思与设计草图。

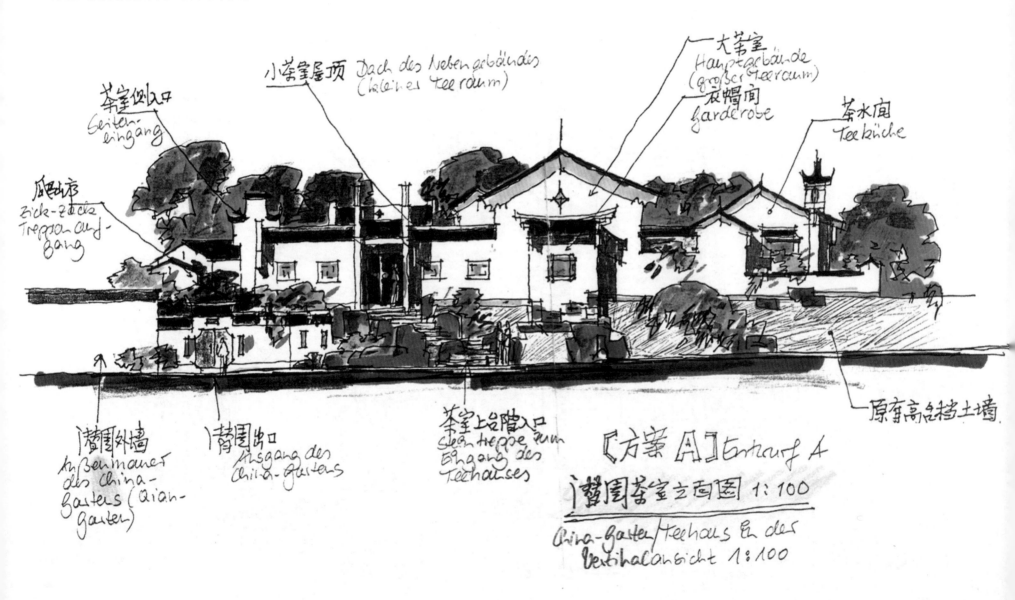

4-6-3　浙江嘉兴新藤镇旅游规划景观设计构思草图

《绿杨画舫》1999年夏、嘉兴新塍镇旅游规划景观图。

4-6-4   河南桐柏山佛教中心、书画楼景观规划构思草图

4-6-5　广州珠江新城中心景观局部草图（配合德国欧博迈亚设计公司中标方案绘制）

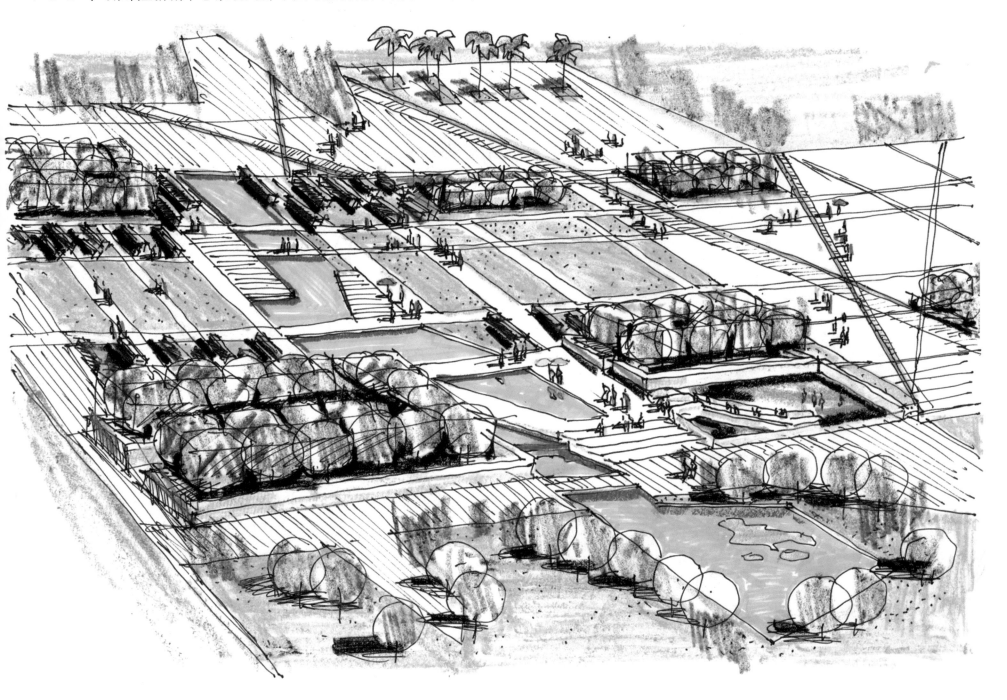

4-6-6 上海市人民英雄纪念塔

纪念塔位于上海外滩东端，黄浦江和苏州河交叉口。本方案1987年从100个竞赛方案中脱颖而出，1990年建成。

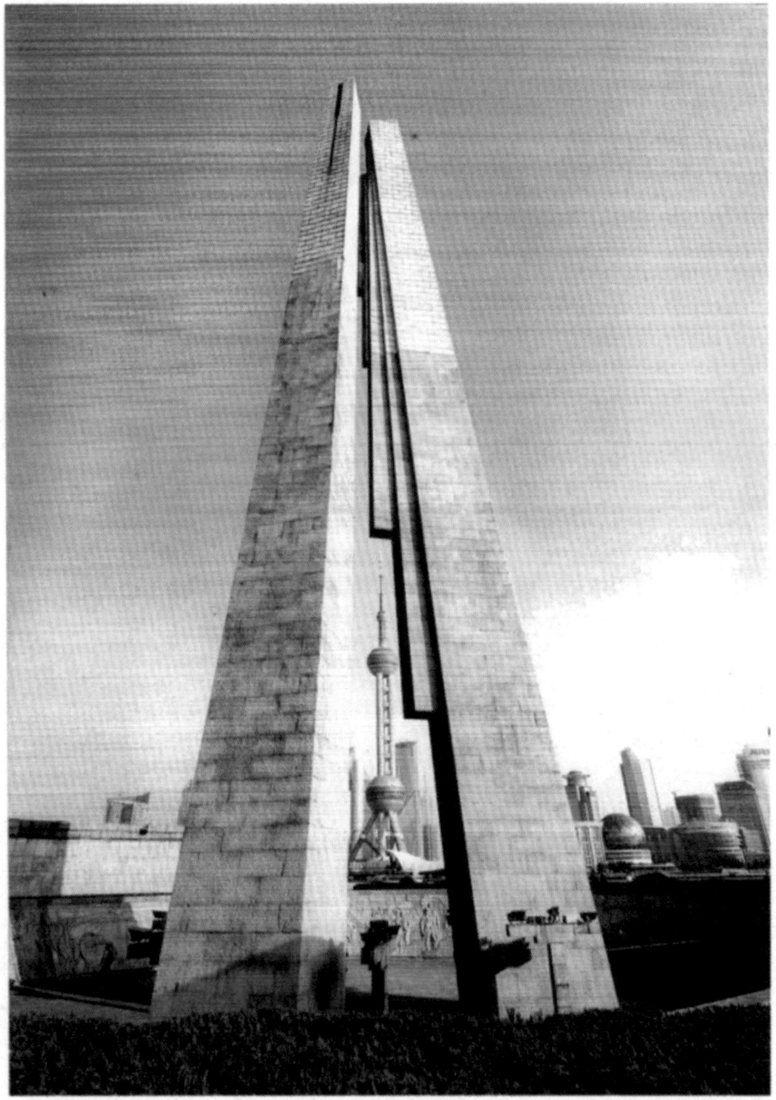

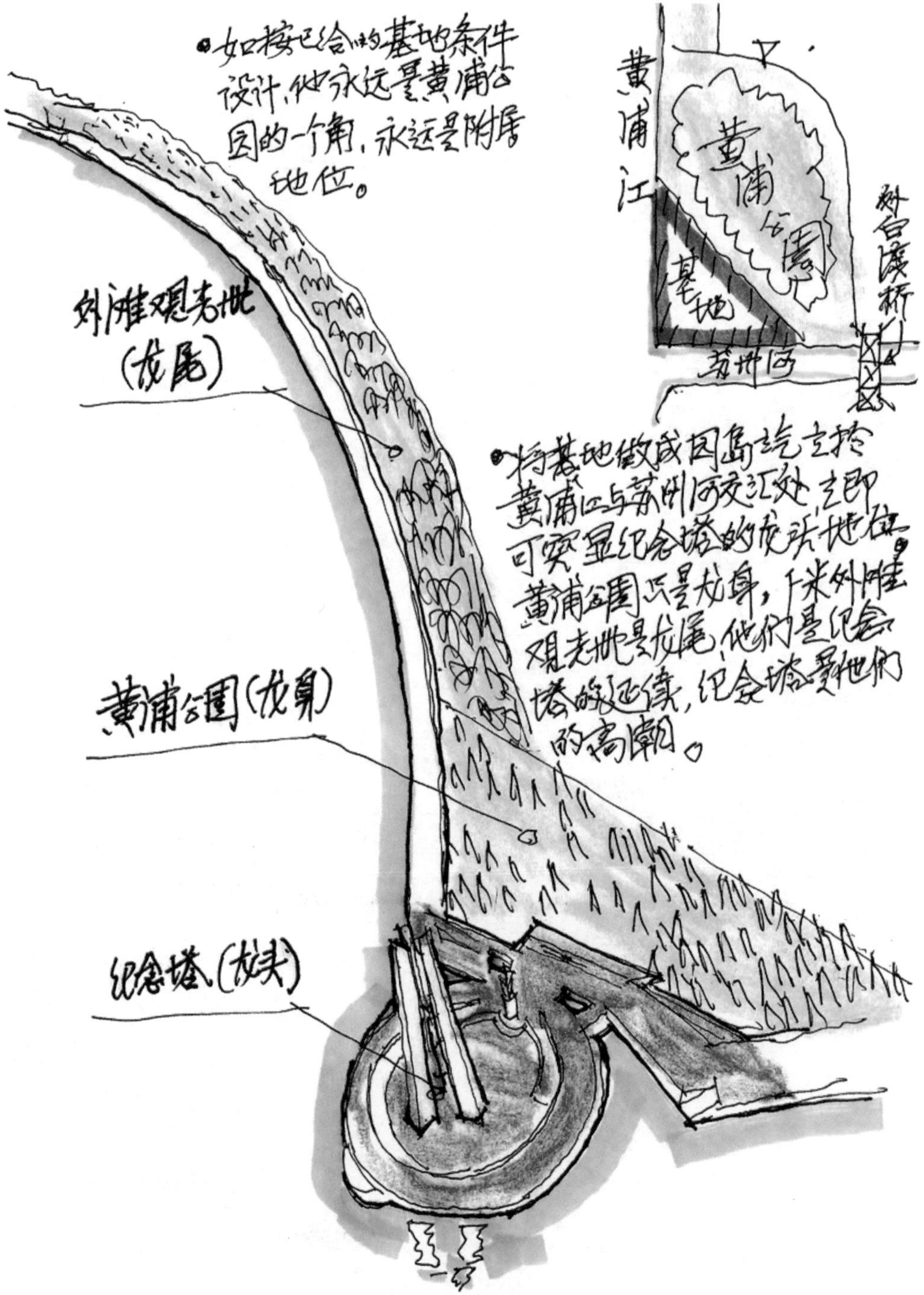
如按已给的基地条件设计，他永远是黄浦公园的一个角，永远是附属地位。
黄浦江
黄浦公园
基地
苏州河
外白渡桥
外滩观光带（龙尾）
将基地做成园岛屹立于黄浦江与苏州河交汇处，立即可突显纪念塔的龙头地位，黄浦公园即是龙身，外滩观光带是龙尾，他们是纪念塔的延续，纪念塔是他们的高潮。
黄浦公园（龙身）
纪念塔（龙头）

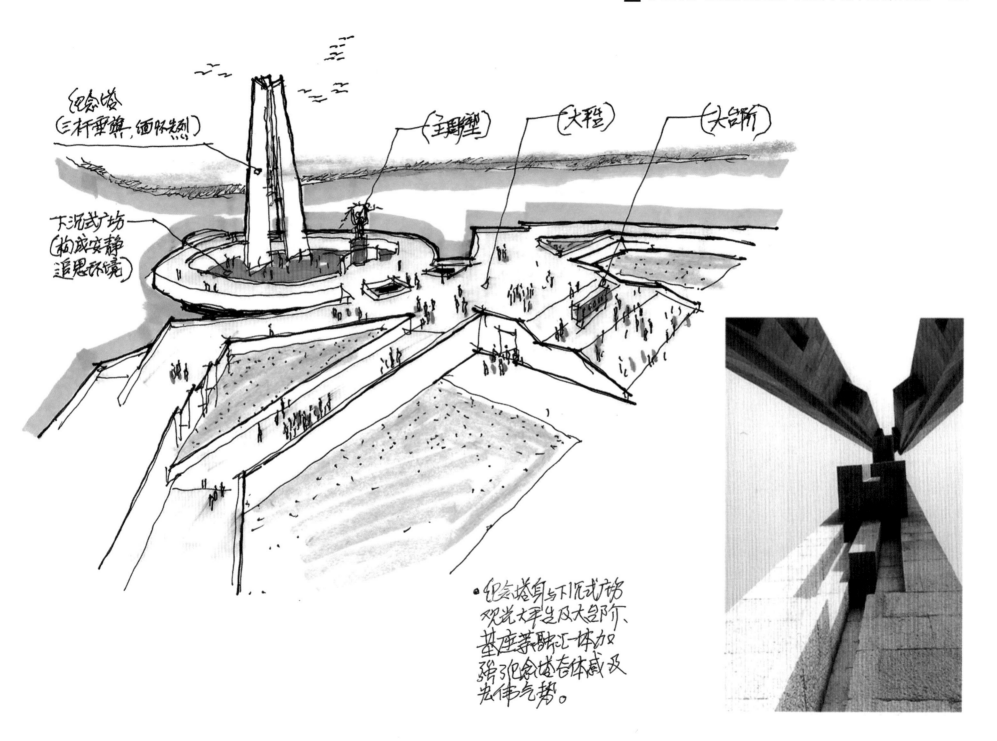

纪念塔
(三杆重叠 缅怀先烈)

(主雕塑)

(大程)

(大台阶)

下沉式广场
(构成安静
追思环境)

·纪念塔身与下沉式广场
观光大草坪及大台阶、
基座等联汇一体加
强纪念塔主体感及
宏伟气势。

参考书目

1. 刘卫平. 创新思维 [M] . 杭州：浙江人民出版社，1999.

2. Paul Laseau. Van Nostrand Reinhold Company [M] . 邱贤丰译. 北京：中国建筑工业出版社，1980.

3. 张伶伶，李存东. 建筑创作思维的过程与表达 [M] . 北京：中国建筑工业出版社.

4. 汪正章. 建筑师的创造性思维 [J] . 建筑师. 27

5. 李道曾. "从城市视角看城市与建筑"——克服城市建筑"特色危机"之三点建议 [J] . 世界建筑，2008. 9.

6. 彭一刚. 建筑绘画及表现图 [M] . 北京：中国建筑工业出版社.

7. 黄为隽. 建筑设计草图与手法 [M] . 哈尔滨：黑龙江科学技术出版社.

8. 清华大学建筑系. 剧场　图外建筑实例图集 [M] . 北京：中国建筑工业出版社，1984.

9. 世界建筑. 北京：世界建筑杂志社，2007. 1：62，71.

10. Mario Botta Light and Grayity Architecture 1993—2003. P185、187.

后　记

　　《建筑方案构思与设计手绘草图》（以下简称《草图》）第三部分涉及的项目建筑方案合作和参与人有张善荣、王建军、王连文、单承黎、李娟等。

　　《草图》所有插图除注明外，均系作者绘制。

　　《草图》一书由于篇幅数量有限以及彩页装订技术要求，对同窗们所提供的建筑方案构思与设计草图手稿不能如数刊登表示歉意。

　　感谢《草图》出版过程中，河北工业大学建筑设计研究院领导的支持。

作者

2009年10月